U0156317

统一星型模型

——一种敏捷灵活的数据仓库和分析设计方法

[美]　比尔·因蒙（Bill Inmon）
　　　弗朗切斯科·普皮尼（Francesco Puppini）　著

上海市静安区国际数据管理协会　译

机械工业出版社
CHINA MACHINE PRESS

数据模型作为仓库和集市的核心组成部分，它的价值不言而喻。而统一星型模型是一种构建分析型应用的非常敏捷和灵活的设计方式，与传统的维度模型相比，它具有诸多优势。数据仓库之父 Bill Inmon（比尔·因蒙）强力推荐本书，书中可看到统一星型模型作为单一星型模型的强大功能。Bill Inmon 和 Francesco Puppini（弗朗切斯科·普皮尼）在书中阐述了为什么统一星型模型是当前商业智能设计的首选方法，介绍了它的发展历程、背景、设计方法以及如何解决业务问题。

统一星型模型是实现业务价值的关键，从数据丢失、Chasm 陷阱、多事实查询、循环、非一致粒度等方面展示了它的优势。对于企业来说，不论是现在的业务还是将来的业务，统一星型模型都可以作为基础业务模型，为企业业务的数字化转型保驾护航。

The Unified Star Schema：An Agile and Resilient Approach to Data Warehouse and Analytics Design/by Bill Inmon and Francesco Puppini/ISBN：9781634628877

Copyright © 2020 by Bill Inmon and Francesco Puppini

Copyright in the Chinese language （simplified characters） © 2022 China Machine Press

本书由 Technics Publications 通过上海市静安区国际数据管理协会授权机械工业出版社在中国大陆地区（不包括香港、澳门特别行政区及台湾地区）销售。

北京市版权局著作权合同登记图字：01-2021-5637 号。

图书在版编目（CIP）数据

统一星型模型：一种敏捷灵活的数据仓库和分析设计方法/（美）比尔·因蒙（Bill Inmon），（美）弗朗切斯科·普皮尼（Francesco Puppini）著；上海市静安区国际数据管理协会译.—北京：机械工业出版社，2022.3（2023.11 重印）
ISBN 978-7-111-70279-5

Ⅰ.①统… Ⅱ.①比… ②弗… ③上… Ⅲ.①数据库系统–程序设计 Ⅳ.①TP311.13

中国版本图书馆 CIP 数据核字（2022）第 037231 号

机械工业出版社（北京市百万庄大街 22 号　邮政编码 100037）
策划编辑：张星明　责任编辑：张星明
责任校对：李　杨　封面设计：高鹏博
责任印制：李　昂
河北宝昌佳彩印刷有限公司印刷
2023 年 11 月第 1 版·第 3 次印刷
170mm×242mm·17.75 印张·213 千字
标准书号：ISBN 978-7-111-70279-5
定价：108.00 元

电话服务　　　　　　网络服务
客服电话：010-88361066　机　工　官　网：www.cmpbook.com
　　　　　010-88379833　机　工　官　博：weibo.com/cmp1952
　　　　　010-68326294　金　书　网：www.golden-book.com
封底无防伪标均为盗版　机工教育服务网：www.cmpedu.com

本书翻译组

组　长

毛　颖

组　员

汪广盛　王　铮　黄万忠　何晓梅

杜绍森　胡家康　王　洁　麻栋敏

董瑞芳　訾津津　马　欢　冯振威

任勇程　徐海鹏　杨志洪　敖　毅

余四霞　高　平　周定宁　张乾丰

辜　敏　杨科学　宾军志　伍国翔

序言一

几年前，我有幸与弗朗切斯科·普皮尼在 World Wide Data Vault Consortium（世界数据仓库联盟，WWDVC）会面和交谈。此次 WWDVC 活动吸引了来自全球各地的数据仓库从业人员、Data Vault 2.0 从业人员和认证讲师、数据分析专业人员和行业思想领袖。它为具有前瞻性的专业人士提供了一个交流环境，来分享不断变化的数据行业的经验、教训和对未来的展望。

正是在这个令人愉快的场合里，我的朋友比尔·因蒙介绍我认识弗朗切斯科·普皮尼。在此之前，我第一次见到比尔·因蒙是在 2016 年，当时他在 WWDVC 2016 被 Data Vault（1.0 和 2.0）的创始人和发明者、我亲爱的朋友、现在的商业伙伴丹尼尔·林斯德特介绍给我。

比尔·因蒙的谦逊和绅士风度使我很惊讶。我对他的智慧和指导感激不尽，他给我分享了在过去四年里让我笑出眼泪的生活经历和疯狂的行业故事。比尔·因蒙是我所见过的最有趣和最好的故事讲述者之一。我认为他是国家宝藏。我很荣幸也很高兴能称他为我的朋友。年轻一代的人们可能已经不知道或忘记他，但数据分析和数据仓库的根基归功于比尔·因蒙，这些成就的延展为我们的产业创造出广泛的、长久的贡献。比尔·因蒙直到今天都是我们行业里最有影响力的思想领袖之一。

在 IT 行业工作了 35 年，我印象深刻的是，"数据仓库之父"比尔·因蒙对弗朗切斯科·普皮尼的概念如此着迷，以至于他想和这位意大利创新者一起合著一本书。比尔·因蒙形容弗朗切斯科·普皮尼是一个精力充沛、热情、聪明、有远见的人。我第一次见到弗朗切斯科·普皮尼便证实了比尔·因蒙的描述。我有很多机会与弗朗切斯科·普皮尼接触，听他非常有说服力地谈论我亲切地称为"Puppini Bridge"的中心对象——统一星型模型（USS）的构思和发展。

在多次阅读了弗朗切斯科·普皮尼的著作之后，我认为他在统一星型模型中提出的想法是一种方法，它补充了 Data Vault 2.0（DV2）信息消费层中提供的各种消费对象。Puppini Bridge 背后的概念和实现为数据分析专业人员提供了一组键值，使快速连接到底层数据变得可行和容易聚合。使用这组键值可以实现强大的查询功能，并为分析人员提供一致的结果。弗朗切斯科·普皮尼通过开发和完善统一星型模型，在解决客户数据分析问题的挑战方面取得了巨大的成功。他对这个概念深信不疑，并将统一星型模型运用在各种行业和数据领域。

在我与弗朗切斯科·普皮尼的交流中，他表达了对统一星型模型进行"压力测试"的愿望，邀请我们社区积极参与，并向他提供反馈结果。他对质疑他理论的声音表现出开放的态度，高度展现了他的专业精神，并对为我们行业里一些有难度的数据分析问题提供有效的解决方案有着很大热情。希望看到 Puppini Bridge 的测试可以跨越各种垂直行业，在市场接受度上可以有高速的增长。当你阅读本书时，我希望您考虑接受这个挑战，并积极证明统一星型模型是一个高性能的有效工具，能够帮助交付和使用您的业务信息。

祝一切都好，弗朗切斯科·普皮尼和比尔·因蒙！

Cynthia Meyersohn，创始人和首席执行官，Data Vault 2.0 授权讲师
DataRebels LLC，www.datarebels.com，cindi@datarebels.com

序言二

统一星型模型是一种全新的、用以分析为目的的数据架构方式。它可以被看作是 Kimball 提出的经典维度建模的扩展。通过遵循此方法，可以向最终用户提供基于自助服务的商业智能，在涉及多个事实表的情况下也是如此。当机器学习模型需要用来自多个系统的数据进行训练时，这种方法在数据科学中也非常有用。

从 2001 年我的职业生涯开始，我就注意到商业智能中的一些东西不太对：一份简单的报告通常需要数周甚至数月的开发时间。不仅如此，报告中的数字经常是错误的。然后，在 2014 年，我有了一种直觉：商业智能的许多问题都可以用 SQL UNION 解决。这种合并表的方式是非常通用和强大的，但是它有一个缺点：它不太容易实现和维护。出于这个原因，我开放了统一星型模型：一种基于 UNION 的结构，使用起来要容易得多。

在为几个客户实现了统一星型模型之后，我意识到我必须与数据社区共享这个想法。但有一个问题：我提出如此重大的范式改变，怎么才能令人信服呢？我需要得到某个在数据仓库领域拥有强大权威的人的支持。为此，我联系了比尔·因蒙。

比尔似乎立刻对这个解决方案很感兴趣。我们交换了几封电子邮件：我和他分享了我的想法，他给了我他有价值的反馈。后来，有一天，比尔邀请我去科罗拉多州的丹佛市和他一起待一个星期。在那一周里，我们的工作更加深入，讨论了很多细节。最后，我们准备一起写这本书。

在本书的第一部分中，您可以看到数据仓库从起源到现在的简要历程。在第二部分中，您可以看到我们对统一星型模式的看法。其中有定义、示例和实际的实现。例子很简单，因为我相信简单是良好有效沟通的关键。我们希望您会喜欢这本书，我们也希望您能从这本书中找到为数据分析构建敏捷和弹性支持的灵感。

我们对翻译本书的 DAMA 中国表示感谢，并祝所有读者好运。

弗朗切斯科·普皮尼，比尔·因蒙

2022 年 2 月 16 日

前　言

掌握用于构建分析型应用最敏捷和灵活的设计方式：统一星型模型（USS-Unified Star Schema）。与传统的维度模型相比，统一星型模型有很多优势。在这本书里你可以看到统一星型模型作为单一星型模型的强大功能，对于你的公司来说，不论是现在的业务还是将来的业务，都可以作为你的业务基础模型来使用。

数据仓库传奇人物 Bill Inmon（比尔·因蒙）和数据仓库专家 Francesco Puppini（弗朗切斯科·普皮尼）逐步解释了为什么统一星型模型方法是当今商业智能设计的首选方法，并通过许多示例来验证这一点。

本书分为两部分。

第一部分，体系结构。介绍了数据集市和数据仓库的优点，包括组织如何发展到当前的分析状态，以及当前商业智能体系结构所面临的挑战。第一部分共分为 8 章：

• 第 1 章　数据集市与维度模型：了解数据仓库和数据集市背后的驱动力以及特征。

• 第 2 章　维度建模概念：掌握维度模型的概念，包括事实表、维表、星型模型和雪花模型。

• 第 3 章　数据集市演变：了解多个数据集市的优势，以及由于数据集市管理不当而引起的数据质量、版本控制和可信度问题。

• 第 4 章　转换：了解数据提取、转换和加载（ETL）的过程，以及提取、转换和加载（ETL）为报告带来的价值。

● 第5章　集成数据集市的方法：了解数据仓库如何为您的公司报表工作带来收益。

● 第6章　监控数据集市环境：了解监控数据集市的动机。确定需要修改的数据，区分活跃数据和非活跃数据，以及如何清除休眠数据。

● 第7章　数据集市环境中的元数据和文档：了解数据仓库环境中元数据的不同类型，包括简单表和元素的元数据、数据来源元数据、加载日期型元数据、组合型元数据和使用型元数据。

● 第8章　向集成型数据集市演变：了解当前数据仓库环境的演变取得的进展。

第二部分，统一星型模型的应用。涵盖了统一星型模型方法以及它如何解决第一部分中讨论的挑战。第二部分包含8章：

● 第9章　统一星型模型简介：熟悉统一星型模型。了解其架构和用例，以及统一星型模型方法与传统构建模型方法的差异。统一星型模型的关键概念举例，如猎人和猎物以及与电话线相连的房屋。了解去范式化的危险。

● 第10章　数据丢失：了解数据丢失的原因，以及为什么不建议在数据集市中进行完全外连接（full outer join）的原因。根据定义，所有其他连接（内连接、左连接和右连接）均会丢弃某些数据。因此，使用这些连接构建的数据集市也只能解决一部分的问题。然而，统一星型模型方法不会创建任何连接，因此，它不会丢失任何数据。join 被引入统一星型模型命名约定中，可使开发人员和最终用户的日常工作更加轻松。另外，需要了解 Bridge 表，并了解其如何连接到其他表。跟随 Spotfire 的实际效果，它能让最终用户在没有数据专家的情况下也很容易创建仪表盘所需要的展示内容。

● 第11章　扇形陷阱：了解面向数据模型的规范，并通过示例学习扇形陷阱的危险。了解一对多关系的另一种表示法。区分连接和关联，并能意识到内存关联是扇形陷阱的首选解决方案。另外，应了解"拆分度量（Splitting the Measures）"和"将所有度量移至 Bridge 表（moving all the measures to the Bridge）"的技术。最后了解习惯于使用 JSON 的相关人员遇到的陷阱及其修复方法的示例。

- 第 12 章　Chasm 陷阱：回顾笛卡儿乘积，会看到一个基于 LinkedIn 的 Chasm 陷阱示例，该示例说明 Chasm 陷阱会产生不需要的重复项。了解 Chasm 陷阱如何呈线性增长以及呈平方增长。了解 Chasm 陷阱行计数的方法，该方法有助于计算所得表的准确行数。Bridge 表基于一个联合体（Union），它不会创建任何重复项。最后，请参阅 JSON Chasm 陷阱的示例及其修复方法。

- 第 13 章　多事实查询：区分直接连接的多个事实与无直接连接的多个事实。了解尽管具有多对多关系的最佳操作是联合（Union），但该联合很难创建并且会造成混乱。探索 BI 工具如何能够构建聚合的虚拟行（Rows），以及统一星型模型方法在 Bridge 表的基础上如何自然地嵌入联合（Union）中。跟随 Spotfire 中的实现，了解最终用户可以多么容易地构建有价值的仪表盘（Dashboard）。

- 第 14 章　循环：了解有关循环和解决循环的 5 种传统技术的更多信息。统一星型模型方法是一种很好的循环解决方案。在 SAP Business Objects 实践中，说明使用统一星型模型方法，最终用户可以拥有真正的"自助服务体验"。

- 第 15 章　非一致粒度：通过示例了解非一致粒度。当维度不符合要求时，创建 BI 解决方案会带来许多挑战，这些挑战传统上是通过创建临时查询或通过构建没有集成的仪表盘来解决的。了解统一星型模型引入了一种称为"重新范式化"的解决方案。它的优势在于，只在统一星型模型的设置阶段需要开发人员，同时统一星型模型不依赖于业务需求，因此最终用户可以自由地生成其个性化的报告和仪表盘（Dashboard）。

• 第16章　Northwind 案例学习：见证使用 ODM 检测 Northwind 缺陷有多么简单。验证涉及产生扇形陷阱和 Chasm 陷阱的表，它们的连接存在产生不正确总数的风险。熟悉"表的安全区"的概念，并且如果将所有表连接在一起，则没有一个简单的衡量正确总数的方式。随后，用户会使用统一星型模型，它用于 Northwind 数据库中，还有一些 BI 工具结合使用。理解采用统一星型模型方法后，所有表都属于一个共同的安全区：在其中的所有东西都兼容。

推荐语

自 20 世纪 60 年代起，数据架构领域就一直在演变。就演变而言，这并不是一段很长的时间，大多数的演变需要花费更长的时间。但在此期间，数据架构却以惊人的速度在演变。

统一星型模型是数据架构演变中最新的部分之一。有了统一星型模型，使用者不需要在每次有了新想法时都重新定义一个新的星型模式。现在，您的统一星型模型可以与您的企业一起发展。统一星型模型给予使用者们轻松、优雅地遍历时间与信息变化需求的能力。

统一星型模型会是数据架构演变的终点吗？不，绝不会是。但它代表了目前数据架构领域中最先进的技术。

很高兴有机会通过 DAMA 中国把这本书推荐给大家，希望对大家有所参考和帮助，也欢迎大家的共同讨论。

比尔·因蒙

2022 年 2 月 16 日

致　谢

　　我首先要感谢辛迪·梅耶索恩，感谢她在这次探索之旅中给予我极大的支持。

　　我还要感谢所有与我分享资源、内容，以及鼓励我的人。感谢你们，史蒂夫·霍伯曼、克里斯蒂安·考尔、尼尔·斯特兰奇、肯特·格拉齐亚诺、玛丽·明克、诺尔斯·伊博斯翰、文森特·麦克伯尼、朱利·伯勒斯、迈克·兰帕、菲利普·利马、艾琳·孙、克里斯托夫·文泽瑞特、埃尔桑·杜兰、阿明·古尔金、安东尼奥·瓦因、尼可·弗里茨、乌里·沃勒、卡洛斯·阿兰尼拔、考底利耶·沙阿、玛格达·穆勒万斯卡、大卫·杜琴和玛塞拉·普皮尼。

　　特别要提到朱塞佩·博库齐，我们对本书的主题进行了数小时的讨论和辨析。交流的是知识基础。

　　最感谢的是比尔·因蒙，因为他说："弗朗切斯科，你需要写一本书。"

　　感谢大家！

弗朗切斯科·普皮尼

目　录

第一部分

体系结构

第1章 数据集市与维度模型

本书从最初的简单应用程序讲起。这些最初的应用程序涉及人力资源、库存控制、应付账款和各种主题。它们收集数据，存储数据，并使数据用于报表。

图 1-1 描述了一个简单的应用程序。

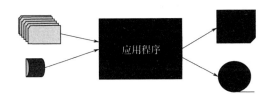

图 1-1　一个简单的应用程序

这些应用程序构成了主干。同时，这些应用程序的复杂性和规模都在增加。很快就出现了更复杂、规模更大的应用程序，然后是各种各样的互锁应用程序。一个应用程序捕获了数据，然后将其提供给另一应用程序。短期内，应用程序激增。

图 1-2 所示为出现的应用程序丛林。

以应用程序为中心的体系结构的特征之一是抽取程序的存在。抽取程序很简单，仅将数据从一个应用程序移动到下一个应用程序。之所以出现抽取程序，是因为使用应用程序的最终用户发现从另一个应用程序中获取数据会很有用。很快，同一数据元素开始在整个体系结构的许多地方出现。

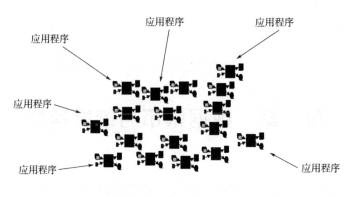

图 1-2　应用程序丛林

　　数据的扩散带来了更大的混乱，不仅在许多地方可以找到相同的数据元素，而且经常由于时序问题或编码错误，在整个体系结构中，一个数据元素具有不同的值。当没有人知道正确的数据时，做出正确的决策对管理层来说是一个真正的挑战。图 1-3 所示为数据激增导致数据的真实性和真实值的混乱情况。

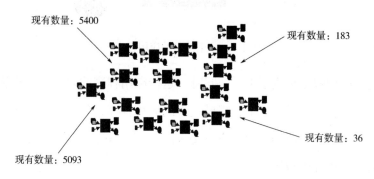

图 1-3　数据激增导致数据的真实性和真实值的混乱情况

　　问题的根源是构建应用程序的方法。构建应用程序是为了优化信息获取和存储，而不是为了分析此数据的要求。此外，一个应用程序的应用范围很窄，例如，某应用程序只专注于一小部分数据，这些数据仅代表企业业务的一小部分。

图 1-4 所示为每个应用程序的有限重点。

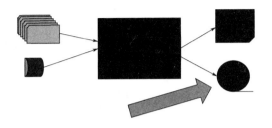

图 1-4　每个应用程序的有限重点

尽管不同的应用程序可以解决特定的业务问题，但这些应用程序之间无法协调工作。

> 抽取程序的到来制造了很多数据，但没有可相信的数据环境。

简而言之，以应用程序为中心的体系结构在数据完整性方面存在重大问题。数据完整性问题就像夜里的小偷一样潜入组织，没有声张，也没有宣布这个问题。随着以应用程序为中心的体系结构的增长和老化，数据完整性问题才出现。一个有趣的观察是，试图解决以应用程序为中心的体系结构的问题使大多数组织陷入困境。多年来，组织解决问题的方式是购买更多技术并聘用更多的人员。

> 当遇到以应用程序为中心的体系结构带来的挑战时，买更多的技术和聘用更多的人只会使问题更糟，而不是更好。

打个比方。假设房屋着火了，有人拿一桶液体来扑灭大火，然而问题是这桶液体不是水，而是汽油。向火上浇汽油以扑灭大火适得其反。这类似于以应用程序为中心的体系结构，购买更多的技术并增加更多的人员，

5

只会使以应用程序为中心的体系结构的问题变得更加严重，而不是更好。

图 1-5 所示为这种现象。

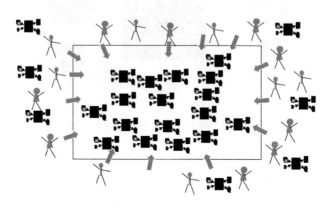

图 1-5　更多的人和技术只会让事情更糟

因此需要对架构进行深刻的改变。数据仓库，这种新型数据库的重点不是信息的获取和存储，而是组织和准备用于分析处理的数据。数据仓库的功能包括集成数据（公司数据）并长时间存储数据。此外，数据以一系列快照的形式映射到数据仓库中。

图 1-6 所示为向数据仓库迁移。

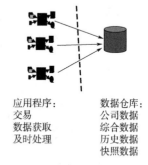

应用程序：
交易
数据获取
及时处理

数据仓库：
公司数据
综合数据
历史数据
快照数据

图 1-6　向数据仓库迁动

举个公司数据的例子，假设有 3 个应用程序。在第一个应用程序中，性别用 "m" 或 "f" 表示。在第二个应用程序中，性别用 "1" 或 "0" 表示。在第三个应用程序中，性别用 "男性" 或 "女性" 表示。将数据放入数据仓库时，数据元素性别仅由一种表示形式表示。没有以相同方式表示性别的应用程序的数据进入数据仓库时必须进行转换。当有人去阅读和解释数据仓库时，就会有一个性别的单一表示。实际上，当将数据加载到数据仓库中时，数据转换几乎总是比这里的简单示例复杂得多。图 1-7 所示为从应用程序环境到公司环境的数据转换。

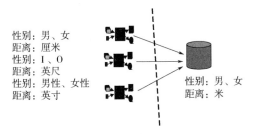

性别：男、女
距离：厘米
性别：I、O
距离：英尺
性别：男性、女性
距离：英寸

性别：男、女
距离：米

图 1-7　从应用程序环境到公司环境的数据转换

数据仓库的另一个功能是能够保存大量数据。在单一应用程序中，通常希望保持尽可能少的数据量，这是因为大量冗余数据会降低应用程序的响应速度。因此，在应用程序中只找到一个月的数据是正常的。但是在数据仓库中，通常会找到 5～10 年的数据。从时效的角度来看，数据仓库比应用程序拥有更多的历史记录。

图 1-8 所示为这种差异。

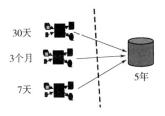

30天

3个月

7天

5年

图 1-8　应用程序和数据仓库中的数据保存时间

数据仓库和应用程序之间的另一个重要区别是，数据在应用程序中经常被更新。可以说，在应用程序中，数据是"当前一秒"的数据。一个简单的例子是用户的银行账户余额。银行努力确保用户访问账户余额时找到的数据是准确的。如果现在是下午 2:00，而您的家人在上午 10:30 进行了提现操作，则当您在下午 2:00 访问该账户时，该提现操作就会反映在您的账户中。

数据仓库中的数据完全不同。数据仓库中的数据是一系列快照。用户可以查看过去一个月的数据，并通过查看数据仓库来查找针对该账户发生的每项活动。

图 1-9 所示为应用程序数据库和数据仓库之间的区别。

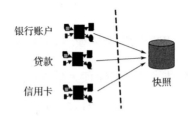

图 1-9　应用程序数据库和数据仓库之间的区别

尽管数据仓库是解决以应用程序为中心的环境数据完整性问题的体系结构解决方案，但数据仓库还是存在一些问题。数据仓库的主要问题是因为数据仓库的实施需要整个企业范围内的参与。许多组织既没有意愿也没有愿景来进行长期数据仓库的开发。为了成功构建数据仓库，必须由高层管理人员领导整个组织进行工作，然而获得管理层的长期承诺和支持是一件困难的事情。

图 1-10 所示为建立数据仓库是企业范围内的工作。

解决该问题的一种可妥协的方法是构建数据集市（Data Mart，从数据和数据源中收集数据的仓库）。数据集市在很多方面与数据仓库非常相似。但是最大的不同是，与数据仓库相比，数据集市需要的工作范围要小得多。由于规模小得多，因此可以更快地构建数据集市。数据集市不需要企

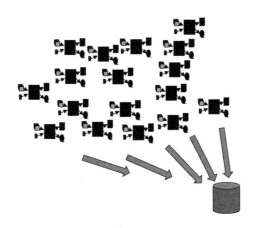

图 1-10　建立数据仓库是企业范围内的工作

业中所有实体之间的合作与协调。数据集市组织数据，以便能够轻松分析数据。数据集市仅涉及单个部门，而不涉及整个组织。由于这些原因，数据集市所需的开发工作量要小得多。

图 1-11 所示为数据集市的构建。数据集市在小范围解决了数据完整性问题。

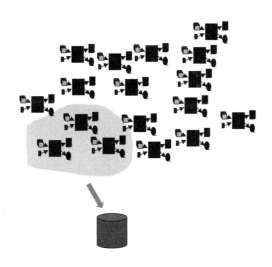

图 1-11　数据集市的构建

从较小的范围来看，一个或两个部门之间的数据完整性问题比整个企业中的数据完整性问题要小得多。

图 1-12 所示为小规模的数据集市。

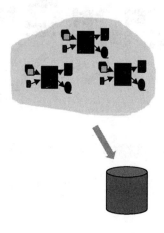

图 1-12　小规模的数据集市

> 因为用于数据集市的数据范围较小，数据集市中数据仓库设计的主要目的是数据分析（而不是数据集成），所以数据集市设计成数据仓库更容易被访问和分析。

数据集市与数据仓库具有很多共同特征。数据仓库和数据集市都包含快照数据。但是数据仓库包含大量历史数据，而数据集市仅包含一小部分历史数据。数据在进入数据仓库之前已在整个企业中整合。通常，从单个应用程序中提取数据时不需要太多数据整合。由于数据仓库的数据在整个企业范围内，因此数据仓库中通常有大量的数据元素。数据集市中的数据元素要少得多，因为它仅代表部门数据。图 1-13 所示为数据仓库和数据集市的区别。

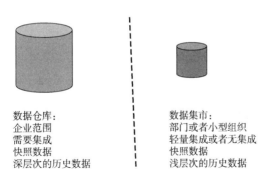

数据仓库：
企业范围
需要集成
快照数据
深层次的历史数据

数据集市：
部门或者小型组织
轻量集成或者无集成
快照数据
浅层次的历史数据

图 1-13 数据仓库和数据集市的区别

数据仓库中数据的基本结构是关系模型。

如图 1-14 所示，关系模型为数据仓库提供了坚实的基础。

数据集市的基本结构是维度模型，如图 1-15 所示。

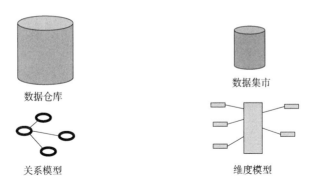

数据仓库

关系模型

数据集市

维度模型

图 1-14 数据仓库的基本结构 　图 1-15 数据集市的基本结构
　　　　　是关系模型　　　　　　　　　　是维度模型

第 2 章 维度建模概念

维度模型的设计使得数据能够被方便地访问和分析，在维度模型中，数据关系的数量较少。维度模型只有少量数据关系的这一事实意味着程序员不需要编写许多复杂连接去访问数据。维度模型如图 2-1 所示。

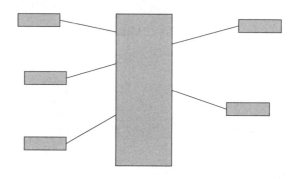

图 2-1 维度模型

维度模型有两个基本构成要素：事实表和维表。事实表存储大量数据。图 2-2 所示为事实表示例。

比如，典型的事实表可用于以下环境。

● 一家零售商的销售额。

● 一家销售机构拨打的电话。

● 一家银行的交易记录。

事实表包括许多不同类型的数据元素。比如，销

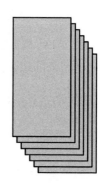

图 2-2 事实表示例

售事实表可能有以下数据元素。

- 销售日期。
- 销售商品。
- 售价。
- 已缴税款。
- 销售地点。
- 客户名称。
- 客户联系信息。
- 运输信息。
- 购买条件。

对于进行电话销售的销售机构来说，事实表可能包含以下信息。

- 通话日期。
- 通话时间。
- 通话次数。
- 通话时长。
- 呼叫代理。
- 电话沟通后的待办事项。
- 客户名称。
- 客户地点。

通常而言，把大量不同类型的数据合并到事实表中，有助于方便地进行数据分析。正因如此，事实表中的数据元素并不是高度范式化的。

维度模型中的另一种类型是维表。维表对事实表中的数据元素进行了信息扩展。图 2-3 所示为围绕着事实表的维表。

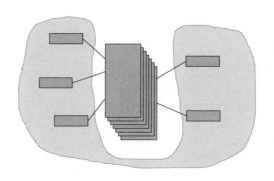

图 2-3 围绕着事实表的维表

典型的维表可能包括以下信息。

● 时间。

● 日期。

● 产品。

● 客户。

● 店铺。

维表通过事实表中现有的数据元素与
事实表进行连接。事实表与其维表一起形
成了一个称为"星型连接"（Star Join）的
结构。图 2-4 所示是一个星型连接示例。

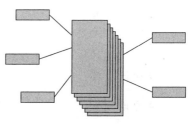

图 2-4 星型连接示例

> 对于星型连接，其中一个最为重要的方面是数据的粒
> 度。事实表中，数据的粒度有重大的意义。数据粒度越
> 细，分析就能够越详细。

比如，只保存月度销售数据，分析员就无法了解当月某几天的销售情
况。再比如，如果事实表中的所有销售数据都是月度数据，那么分析员就
不能判断周五是否存在独特的销售规律。现在，假设分析员记录了每日销

售数据，便可以分析周五的销售是否有规律可循。但是，分析员仍不能通过数据判断上午九点是否有特定的销售规律。

粒度极大地影响着数据分析的种类。一般来说，粒度越细，分析越细。不过，数据粒度的细化程度要依实际情况而定。数据也有可能过于精细。以股票市场为例，假设股票的每一次交易记录都能被记录下来，一天内，交易记录将达数十亿条。如此一来，重要的交易模式会被埋藏在海量的股票交易记录中，难以被发现。实际的方法是跟踪并记录股票每天的收盘价格，减少记录数量。不过，如此一来，分析师就不能通过每天收盘价格记录对午盘的股价进行分析。因此，在设定事实表中数据的粒度时要进行权衡。粒度应足够细，以便能合理地开展正常分析活动，但是，又不能细到数据数量过多，以至重要的趋势和模式无从观察。有时，维度模型中也需要有多个事实表。当多个事实表共享一个维度时，人们将该维度称作一致性维度。图 2-5 所示为一致性维度（Conformed Dimension）示例。

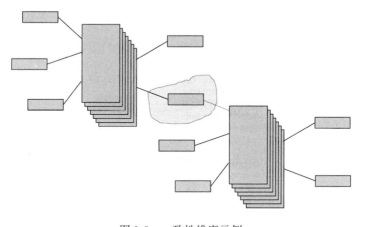

图 2-5　一致性维度示例

一致性维度唯一的限制是需要适应已创建的事实表的粒度。在一些案例中，跨越多个事实表创建"范式化"维表，成为设计人员面临的巨大挑战。

与一致性维度相关的是雪花架构。雪花架构是指不同的维表自身拥有维度的架构。图 2-6 所示是雪花架构示例。

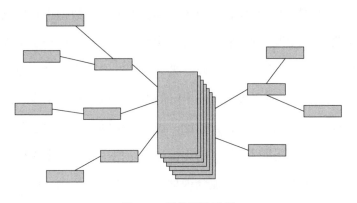

图 2-6　雪花架构示例

设计初步完成后，常见的做法是进入星型连接并删除重复的数据元素。删除重复的数据元素是实现范式化的一种粗放的方法。如图 2-7 所示，删除重复的数据元素可能在无意识中形成星型连接，即被"范式化"。

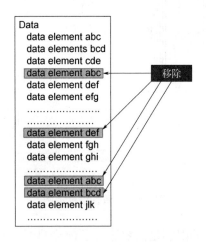

图 2-7　架构中的数据被"范式化"

维度模型的另一个特征是数据视图。一旦在数据库管理系统中创建了物理数据库，就可以把物理模型的子集定义成一个"视图"。视图的创建可以使最终用户能够更方便地访问和理解维度模型中的数据。图 2-8 所示为为维度模型定义的视图。

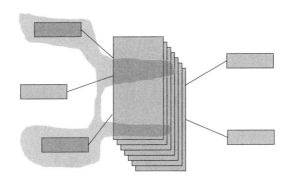

图 2-8　为维度模型定义的视图

尽管维度模型中没有重复的数据元素，但是复制一些数据字段以增强数据维表的处理性能是有意义的，如图 2-9 所示。

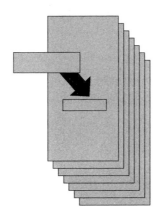

图 2-9　出于性能的考虑，偶尔地去范式化数据也是有意义的

第 3 章　数据集市演变

总有一天，企业会从应用程序的世界中醒来。这些应用程序都是为了获取和存储数据而设计的。企业需要这些应用程序的数据时，数据集市会源自一个或多个应用程序。图 3-1 所示为第一个数据集市的构建。

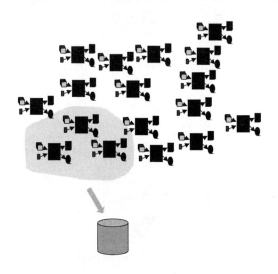

图 3-1　第一个数据集市的构建

第一个数据集市总是最令人兴奋的。数据集市的构建便宜又迅速。一旦建成，数据集市就成为数据分析处理的良好基础。

由于数据集市的成功传播，很快，企业内的其他部门决定也要搭建自己的数据集市。图 3-2 所示为出现的一些新的数据集市。

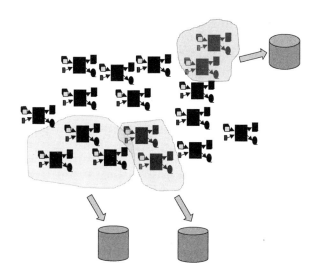

图 3-2　出现的新的数据集市

随着消息的继续传播，不久，许多其他部门也决定创建自己的数据集市。图 3-3 中可见更多的数据集市出现。

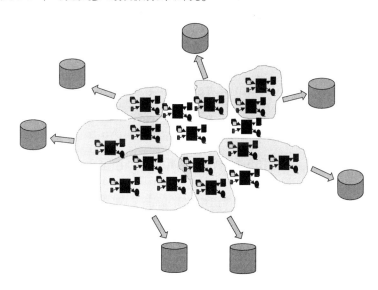

图 3-3　更多的数据集市出现

通常，数据集市围绕着单一的部门创建。拥有自家数据集市的部门包括市场部、销售部、财务部、人力资源部和工程部，如图 3-4 所示。

有了自己的数据集市，人们都很开心。然而，某一天，一位高管注意到一些奇怪的事情。这位高管要求每个部门提供下一个季度的现金预算。此时，高管发现每个部门都有自己的一套数据，而且，各部门对哪一套数据是正确的也不能达成共识。

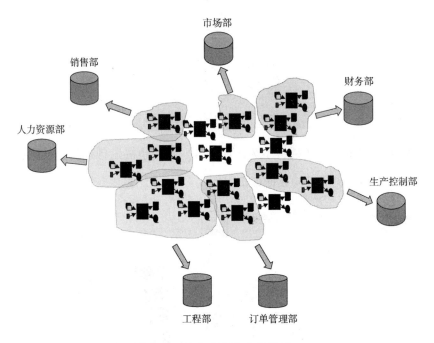

图 3-4　拥有数据集市的部门

每个部门都认为自己的这套数据是正确的。图 3-5 所示为管理的困境。

管理层如何决定谁的数据是正确的？

管理层如何解决已形成的混乱局面？

使事情复杂化的是，不仅仅不同部门有不同的数据集市，同一部门也

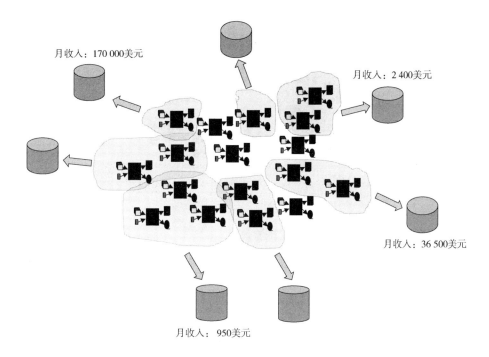

月收入：170 000美元

月收入：2 400美元

月收入：36 500美元

月收入：950美元

图 3-5　同一数据在不同的数据集市中的值不尽相同

有不同的数据集市。各部门都在建一个新的数据集市，而不是对旧的数据集市进行修改。新的数据集市建成，而旧的数据集市没有任何变化，所以，同一套数据原本只有一个数据集市，现在则有了两个数据集市。如图 3-6 所示，随着时间的推移，同一部门积累了多个数据集市。

当不同部门的数据集市和同一部门的多个数据集市冲突时，管理层面对的是该相信谁的困境。创建数据集市的初衷是简单和可信。只要有少量的应用程序基于数据集市的架构就可以运转。但是，面对大量的应用程序，基于数据集市的架构却陷入了泥潭，如图 3-7 所示。基于大量应用程序的数据集市架构的基本问题是数据的完整性。

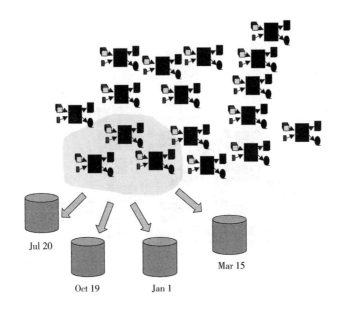

图 3-6　随着时间的推移，同一部门积累了多个数据集市

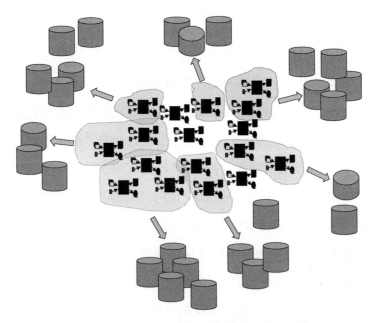

图 3-7　随着时间的推移，数据集市变得一团糟

图 3-7 中的架构所产生的问题可以分为 3 类。第一类问题是创建重复的数据集市并共存。数据集市重复是因为创建了新的数据集市后从来不删除原有的数据集市。图 3-8 所示为重复的数据集市。

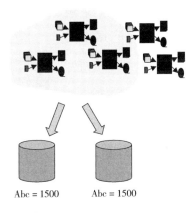

图 3-8　重复的数据集市

第二类问题是 Orphan 数据集市的产生。Orphan 数据集市是指其应用程序与其他任何应用程序都不相连或不相关的数据集市。Orphan 数据集市是用完全无关联的应用程序创建的。Orphan 数据集市的数据与组织内的其他数据不相连或者无关。图 3-9 所示是 Orphan 数据集市。

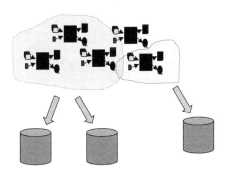

图 3-9　Orphan 数据集市

第三类问题是 Bastard 数据集市。Bastard数据集市与另一个数据集市有类型相同的数据，但呈现给用户的数据值却不同。图3-10 所示是 Bastard 数据集市。数据集市 abc 七月份的月度销售收入是 1500 美元，而下一个数据集市 bcd 七月份的月度销售收入是 2250 美元。Bastard 数据集市旨在提供的是同样的数据，但数据值却相差甚远。重复数据集市、Orphan 数据集市、Bastard 数据集市造成的数据完整性问题随处可见，如图3-11 所示。

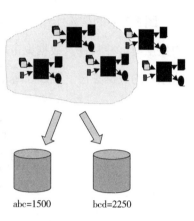

图 3-10   Bastard 数据集市

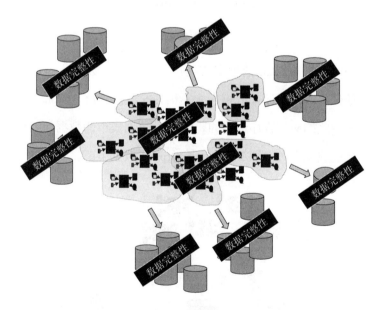

图 3-11   重复数据集市、Orphan 数据集市和 Bastard 数据集市造成的
数据完整性问题随处可见

第4章 转 换

组织中常常有很多冗余数据。生产环境中、分析和归档环境中都有同样的数据。过去，人们发现冗余数据会造成一些非常大的麻烦。但是，对于组织的数据库中有冗余数据存在这一明显现象，却有着一个完全合理的解释。从高层来看，组织可以将数据分为几种不同的操作或交互模式。

1）会话模式：会话模式是人和人之间相互用语言进行交流。这种交流可以是客户和销售代表之间的交流，可以是经理和员工之间的交流，也可以是人力和求职者之间的交流。会话可因任何原因而发生，且无处不在。

2）个人模式：当某件事发生在个人层面上时，就出现了个人模式，包括一个人可能结婚和变更名字、一个人可能换地址，以及许多其他个人状态的改变。

3）运营模式：运营模式是企业开展业务的模式。运营模式有达成销售、签署合同、生产产品、安装产品等。

4）诉讼模式：诉讼模式是企业向法院提起诉讼要求以对现有的状况进行纠正的模式。诉讼可以是应诉、起诉，也可以是诉讼程序建议等。

5）分析模式：经营的分析模式是指如何做决策的模式。分析模式包括决定停止生产一种产品、开始生产一种新产品、将市场拓展到国外、投资研发等。

6）归档模式：归档模式是一种长时间存储数据的模式。需要长时间存储数据的原因有很多种——合规要求、市场份额分析、追溯历史等。

在各种形式之下，每个组织都可以用画像模式展示出来。信息的交换从一种模式转换到另一种模式是非常正常的。如图 4-1 所示，组织的不同模式之间存在信息交换。

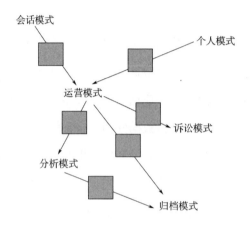

图 4-1 数据从一种模式转换到另一种模式

随着时间的推移，数据从一种模式转换到另一种模式，组织就会存在冗余数据。只要冗余数据的存在是数据从一种模式转换到下一种模式而产生的，那么，此类冗余数据就是完全可接受和正常的，属于一种非常正常的转换。数据从会话模式转换到运营模式，如图 4-2 所示。

数据从会话模式转换到运营模式有许多种方法。这里以买车的过程为例。销售员为顾客展示了多辆在售车，并介绍了这些车的优点，包括颜色、每加仑油英里数、空调等。顾客看过多辆车并询问问题后，做出购买某辆车的决定。此时，开具销售单据（或者签署合同）。随着销售的达成，销售单据被录入运营系统。

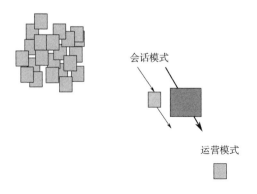

图 4-2　数据从一种模式转换到下一种模式

　　数据从会话模式转换为运营模式有很多种方法，其中一种方法是将声音转置为文本。一段会话被记录下来。这段会话被导入声音转置为文本的软件。然后，通过文本提取、转换和加载（ETL）读取会话文件，并将其转换为标准数据库格式。图 4-3 所示为数据从会话模式到运营模式的转换。

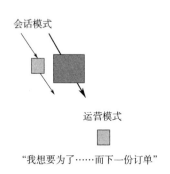

"我想要为了……而下一份订单"

图 4-3　数据从会话到运营模式的转换

　　两人或多人的一段正常会话数据会被转换为数据库数据。一旦进入数据库，会话就可以通过标准的计算机程序进行处理和管理。图 4-4 所示为数据从会话模式到运营模式的转换结果。

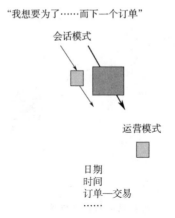

图 4-4　数据从会话模式到运营模式的转换结果

当数据从个人模式转换为运营模式时，会发生有别于会话数据转换为运营数据的另一种转换。某日，一个人改变了他的地址，然后这个人告诉公司他的地址已经改变了。随后，这一个人的地址变更信息会进入企业的运营系统。图 4-5 所示为数据从个人模式到运营模式的转换过程。

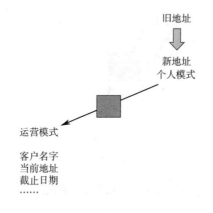

图 4-5　数据从个人模式到运营模式的转换过程

当然，同一模式包括多项活动。例如，假设发生了一笔银行交易。这笔银行交易完完全全发生在同一操作流程内。图 4-6 所示为这笔银行交易完全发生在操作活动范围内。

图 4-6 银行交易完全在操作活动范围内进行

运营环境是诉讼领域许多活动的基础。通常，诉讼活动是提起诉讼的结果，或者是企业被诉，或者是企业准备提起诉讼。运营环境是记录诉讼中发生事件的来源。图 4-7 所示为数据从运营模式流入诉讼模式的过程。

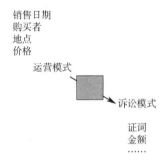

图 4-7 数据从运营模式流入诉讼环境的过程

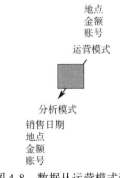

当然，有的数据会从运营环境流到分析环境。通常，当数据在运营环境中的有用性不再具有重大价值时，数据就会流动。图 4-8 所示为数据从运营模式到分析模式的流动过程。

当数据在分析环境中的有用性降低时，数据就会流入归档环境。图 4-9 所示为数据从分析模式流入归档模式的过程。

图 4-8 数据从运营模式到分析模式的流动过程

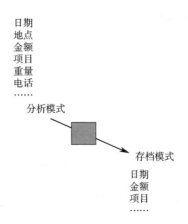

图4-9　数据从分析模式流入归档模式的过程

此外，数据可直接从运营模式流入归档模式。图 4-10 所示为这个过程。

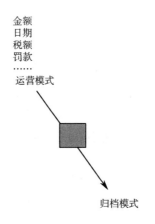

图4-10　数据从运营模式流入归档模式的过程

数据转换运用了不同类型的机制。通常，个人数据和诉讼数据是手动转换的。文本 ETL 用于将会话数据转换为运营数据。ETL 技术也用于其他地方的数据转换。图 4-11 所示为在不同的地方使用不同的转换方法。

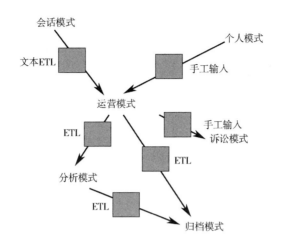

图 4-11 用于数据转换的转换方法

图 4-11 中，可以说同样的数据出现了冗余。但是，当数据进入一种新的模式时，数据的使用、数据的形式以及数据的用户都会发生巨大的变化。

在大多数情况下，应用程序环境是在没有规则的情况下构建的。应用程序设计者可以自由地去制定架构和定义数据元素名称。结果是在运营模式中很少或根本没有做任何数据集成，特别是在应用程序环境由多个应用程序组成的情况下。另外，星型模型环境也需要数据集成。为了创建集成的星型模型环境，有必要在某个地方进行数据集成。图 4-12 所示为这一困境。为了集成这些数据，性别必须转换成 "m，f" 格式，货币需要转换成美元。

目前的问题是在哪儿进行数据集成最好。答案是基本的数据集成最好在数据传递到数据仓库之前完成，如图 4-13 所示。也可以在数据传递到数据集市时进行集成，但是，出于各种原因，数据从应用程序环境流出后立即进行集成并流入数据仓库更为合理。如图 4-13 所示，集成最好在数据进入数据仓库之前完成。

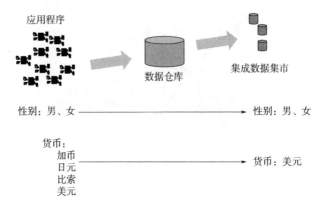

图 4-12　从应用程序到集成数据集市需要做很多转换

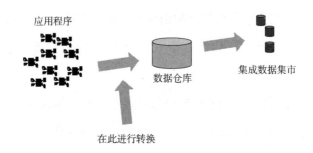

图 4-13　集成最好在数据进入数据仓库之前完成

第 5 章 集成数据集市的方法

在大型应用程序基础上，基于数据集市和应用程序的体系结构（以应用程序为中心的体系结构）显然存在重大问题，问题在于体系结构中数据的完整性。图 5-1 所示为数据完整性的问题。

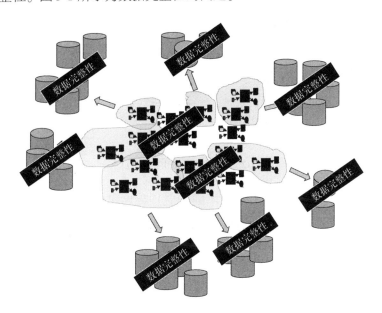

图 5-1 从长远看，基于数据集市的体系结构存在基本的完整性问题

由于应用程序中的数据缺乏完整性，所以在这些应用程序上构建数据集市，数据的完整性问题也会继续存在。从某种程度上来说，在应用程序上构建数据集市就像在沙滩上建造摩天大楼。一场飓风便会将摩天大楼摧

毁，随之而来的是巨大的痛苦和折磨。

幸运的是，还有另一种选择。这种替代方法可以被称为"集成数据集市"。集成数据集市的方法与以应用程序为中心构建数据集市的方法有许多相似之处，但有一个主要的区别：在集成数据集市方法中，数据集市的数据源是一个数据仓库。图5-2所示为集成数据集市的示意图。

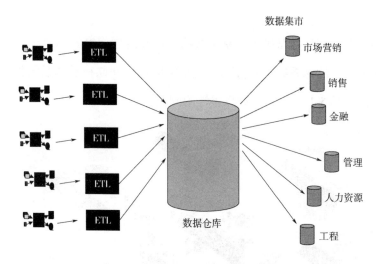

图 5-2　集成数据集市的示意图

对于集成数据集市的方法，不同的应用程序可为数据仓库提供数据。来自应用程序的数据在进入数据仓库时被加工成企业级数据仓库形式。通过ETL技术将应用程序中的数据提取加工，然后把应用程序数据集转换成企业级数据仓库形式。当数据进入数据仓库时，数据是企业级数据，而不是应用程序数据。

从最终用户的角度来看，来自应用程序的数据集市与来自数据仓库的数据集市看起来完全一样。唯一的区别是，来自数据仓库的数据是可信的企业级数据，而来自应用程序的数据是未集成的应用程序数据。

来自应用程序的数据集市被称为独立数据集市。

来自数据仓库的数据集市被称为从属数据集市。

数据仓库的构建基础与数据集市有很大的不同。数据仓库的构建基础是关系模型，而数据集市的构建基础是维度模型。图 5-3 所示为这一显著差异。

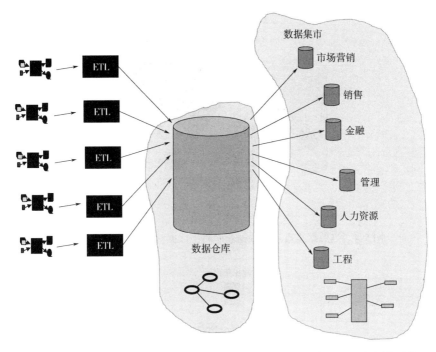

图 5-3　数据仓库是建立在关系模型上的，而数据集市环境是基于维度模型的

从数据仓库构建数据集市时，最明显的好处是数据集市中的数据是经过整合的，如图 5-4 所示。

解决不一致问题是另一个好处。在图 5-5 中，表面上相同的数据在两个数据集市中却有不同的值。从数据仓库中获取数据时，可能会发生这种现象。但是，当对要计算的值有争议时，就可以解决这种差异。一种可能是数据集市中的计算错误，另一种可能是从数据仓库中错误地选择了数据。任何一种情况下，确定在数据集市中取到的值为何有差异都很简单。当数据集市从应用程序环境中获取数据时，解决值的不一致问题变得更加复杂。在最坏的情况下，根本无法解决。

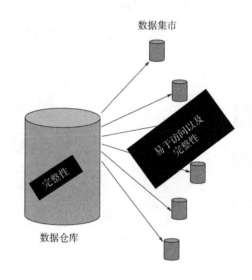

图 5-4　当数据集市基于数据仓库时，数据整合性问题降至最低

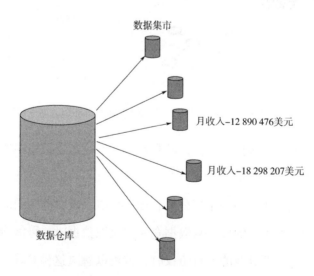

图 5-5　如果数据集市中的数据值有差异，那么解决起来是一个非常简单、直接的过程

还有一个好处是可扩展性。一旦构建完成数据仓库后，构建新的数据集市会变得非常容易。对于在数据仓库上构建的前几个数据集市而言，情况并非如此。实际上，构建数据仓库需要做大量工作。构建和填充数据仓库根本不是一件容易的事。但是，在数据仓库构建之后，以及最初的几个数据集市启动并运行之后，构建新的数据集市就会变得很容易。图 5-6 所示为基于数据仓库构建数据集市的这个好处。

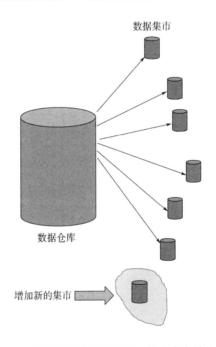

图 5-6　构建新的数据集市是一件非常容易的事

尽管集成数据集市非常具有吸引力，但构建集成数据集市环境是一个长期的过程。一旦构建了以数据仓库为中心的集成数据集市环境，就无须构建其数据源在数据仓库之外的独立数据集市。建立一个独立的数据集市是数据解体的第一步。

第 6 章　监控数据集市环境

大多数数据集市都非常小且不正式，不需要对它们进行正式的监控。但是，有些数据集市非常大且应用非常广泛，有必要正式监控这些数据集市。监控数据集市的原因有多种：

- 成本。构建数据集市要花钱，如果构建数据集市的花费足够多，那么监控数据集市是如何被使用的是合理的做法。
- 安全。有时，某个人或某个组织会将数据集市用于其他目的。了解谁在使用数据集市是有益的。
- 未来的扩展。了解数据集市的哪些部分正在被使用，哪些部分没有被使用，这是一个有价值的信息，可以帮助指导数据集市和分析环境的未来扩展和增强。

如图 6-1 所示，有时监控数据集市环境是有意义的。监控数据集市环境可能是一件复杂的事情，因为查询可以从多种来源进入数据集市。有许多分析师可能需要访问数据集市中的数据。日常职员、财务分析师、数据科学家、系统管理员等都需要查看数据集市中的数据。此外，这些分析师和其他人可以使用各种工具来访问数据集市中的数据。图 6-2 所示为需要查看数据集市中数据的各种工具和用户群体。

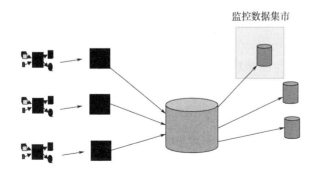

图 6-1　监控数据集市在某些情况下是有意义的

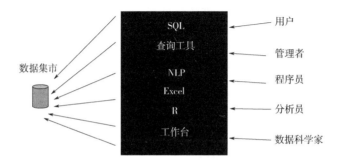

图 6-2　查看数据集市中数据的各种工具和用户群体

那么，通过监控数据集市可以得到什么样的数据？例如：

- 谁在编写查询。

- 使用什么查询工具。

- 多久进行一次查询。

- 正在查询什么数据。

- 查询请求的优先级是什么。

- 查询需要多长时间。

- 访问了多少数据。

- 返回了多少数据。

对数据集市的调用被拦截和读取后，对这些调用的响应也会被读取，并在日志中进行记录。对调用和响应进行分析，可以记录访问了哪些数据以及访问后返回了哪些数据。

被频繁使用的数据与不被频繁使用的数据

查看监视器的结果时发现的一个常见现象是，数据相当一致地被分为两类：被频繁使用的数据和不被频繁使用的数据。通常，数据监控中可以观察到，数据越新，被访问的可能性就越大。相反，数据在数据集市中越久，被访问的可能性就越小。但是，数据存在时间并不是唯一可以分类数据的标准。许多其他条件也会影响数据集市内部数据的访问程度。如图6-3所示，数据分为被频繁使用的数据和不被频繁使用的数据。

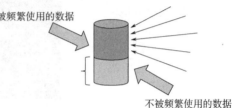

被频繁使用的数据

不被频繁使用的数据

图6-3　在数据集市中，数据被分为被频繁使用的数据和不被频繁使用的数据

如果数据集市中存在大量不被频繁使用的数据，则会出现问题。不被频繁使用的数据会花钱。查找并将其放入数据集市需要花钱。而且，存储这些不被频繁使用的数据也要花钱。

> 不被频繁使用的数据的真正问题是由它引起的混乱。当分析人员去数据集市中查找其中有什么数据时，实际上只有被频繁使用的数据才能为分析提供帮助，不被频繁使用的数据将会使分析师的分析决策工作变得更加困难。

删除不被频繁使用的数据

图 6-4 所示为可删除的数据，最好将不被频繁使用的数据从数据集市中删除。

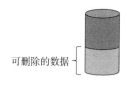

可删除的数据

图 6-4　可删除的数据

除了删除不被频繁使用的数据之外，管控数据的另一个价值是告诉开发人员应进一步扩展哪些类型的数据。换句话说，通过查看人们在使用哪类数据可知，数据集市的未来迭代应包括更多此类数据。

丢弃旧版本的数据集市

令人遗憾的事实是，数据集市在生命周期结束后并没有被丢弃。由于数据集市非常容易构建，所以对于一个组织来说，简单地构建一个新的数据集市，而不是修复或维护一个旧的集市是很正常的。这种糟糕的数据管理实践的结果是，相同的数据集市以不同的格式出现。有一个数据集市是去年创建的，然后是今年 1 月份创建的数据集市，接着是今年 6 月份创建的数据集市，以此类推。每次创建一个新的数据集市时，它的先前版本仍然存在。图 6-5 所示为这种现象。

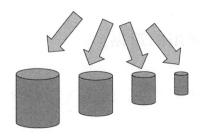

图 6-5　创建新的数据集市，而不是修复或维护旧的数据集市

　　不断创建新版本的数据集市，而没有数据集市的先前版本会导致大量浪费和混乱。最终用户根本不知道要使用哪个版本的数据集市进行分析。如果要正确管理数据集市环境，则必须在创建新版本时删除数据集市的所有旧版本。

第7章 数据集市环境中的元数据和文档

数据集市环境中最重要的组成之一是描述数据集市中内容的元数据，尽管它通常不会引起太多注意。元数据如此重要的原因是，数据集市的最终用户需要元数据来描述数据集市中的内容。换句话说，最终用户对数据集市的了解越多，他的分析就越有效。图7-1所示为数据集市中的元数据。每个数据集市都有自己的元数据。

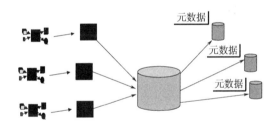

图 7-1 数据集市中的元数据

简单表和元素的元数据

元数据有很多形式。数据集市中最简单的元数据形式是记录数据集市中存在的表和表中的数据元素。图7-2所示为这种简单的元数据形式。

下面是一个使用元数据的简单示例，假设数据集市中包含当月购买的

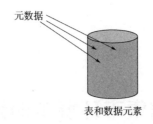

图 7-2   元数据描述了表和数据元素

信息。最终用户分析师通过在元数据存储库中查看发现数据集市中有所售部件的描述、度量单位、每个包的部件以及其他信息。最终用户分析师现在知道如何开始查询和分析数据集市中的数据。

数据来源元数据

简单的表和数据描述是数据集市元数据存储库中最基本的元数据形式。但在元数据存储库中也可以找到其他形式的元数据。元数据的另一种形式是元数据的数据源描述。换句话说，就是每个表和每个表中的每个数据元素来自哪里。图 7-3 所示为这种形式的元数据。

元数据

表
　数据元素
　　来自表 abc，来自表 bcd
　数据元素
　　from table fgh
　数据元素
　　来自表 rst，来自表 ewq，来自表 twf
　……

图 7-3   元数据的数据源描述

作为使用这种形式的元数据的示例，假设分析师查看一个销售数据集市。在销售数据集市中有许多种销售数据，包括商业销售、批发销售、住宅销售等。分析师决定只看批发销售，那么可以使用数据集市存储库中的元数据来帮助确定应该如何限定数据。

加载日期型元数据

另一种元数据形式是数据加载到数据集市的日期。数据加载到数据集市的日期和元数据的来源对于分析人员精心选择数据元素以进行分析是非常重要的。另一种有时有用的元数据形式是描述如何在数据集市中选择数据以及如何计算数据。

组合型元数据

当然，每个数据集市都需要自己的元数据。但是，可以为多个数据集市创建组合的元数据存储库。图 7-4 所示为一个组合的元数据存储库。

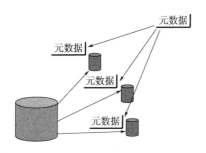

图 7-4 一个组合的元数据存储库

在有两个或 3 个广泛使用的数据集市的情况下，组合的元数据存储库可能很有用。当然，可能有许多较小的数据集市不参与组合的元数据存储库。

任何数据集市元数据存储库（无论是组合的还是单个的）存在的问题之一就是元数据的维护。随着时间的流逝，数据集市的内容会发生变化。在一些情况下，变更是渐进的；而在有些情况下，变更是突然的。元数据的变更需要根据数据集市的变更而变更。图 7-5 所示为需要定期维护反映数据集市内容的元数据。

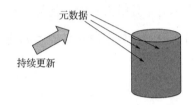

图 7-5　数据集市的元数据需要不断更新

使用型元数据

元数据的另一种形式是使用型元数据。元数据的使用是对数据集市进行的访问类型的描述。查询可以来自任何地方，也可以来自各种各样的工具。另外，访问模式通常是多变的。有时，数据集市几乎没有被访问。有时，数据集市将有很多访问。

使用型元数据在几种场景下变得有用。使用型元数据有价值的一种场景是确定如何扩展数据集市。当一种数据很明显非常受欢迎时，数据集市的下一次开发迭代可能会包含更多这种类型的数据。

使用型元数据的另一有价值的场景是回答了谁在查看数据。这在审核

期间或怀疑正在发生未经授权使用数据集市中的数据时特别有用。图 7-6
所示为收集数据集市使用的数据，然后将其放置在元数据库中。

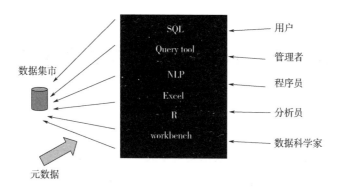

图 7-6　收集数据集市使用的数据

第 8 章　向集成型数据集市演变

很少有组织会突然决定建立集成型数据集市。更普遍的情况是，从 Orphan 数据集市逐步向集成数据集市发展。随着时间的推移，不同的公司会以不同的速度发生变化。但是在发展的过程中，步骤却非常相似。图 8-1 所示为从 Orphan 数据集市到集成数据集市的演变。

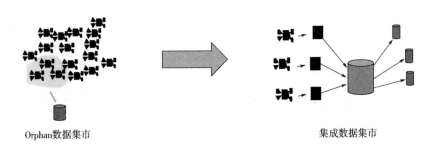

Orphan数据集市　　　　　　　　　　　　　　　　　　集成数据集市

图 8-1　从 Orphan 数据集市到集成数据集市的演变

演变过程中，第一步是创建第一个 Orphan 数据集市。通常，数据集市的构建成本低，构建速度快，构建容易。所以一个组织中，通常是一个部门决定建立一个数据集市。

规模较小的组织，可能只拥有几个应用程序。对于为数不多的应用程序来说，不太可能出现数据混乱的问题（或者根本不可能出现）。对于非常小的组织，单个数据集市就可以满足其所有分析需求，因此可能永远不会向集成数据集市演变。但是，对于那些拥有许多应用程序的公司，向集成数据集市演变的过程仍在继续。演变中的下一步是创建第二个数据集市。关于第一个数据集市创建成功的消息传遍了整个组织，不久另一个部门（或一群人）希望建立自己的数据集市。图 8-2 所示为第二个数据集市的到来。

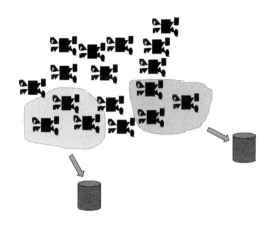

图 8-2　创建第一个数据集市之后很快会有第二个

与自燃现象一样，整个组织开始出现多个数据集市。图 8-3 所示为在组织中创建多个数据集市。

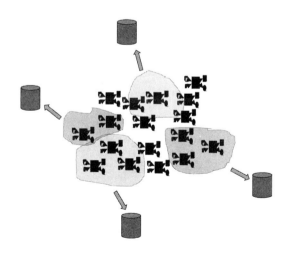

图 8-3　在组织中创建多个数据集市

数据不一致

　　一切似乎都令人满意，并且井井有条，直到某一天，一位高级经理发现不同的数据集市并没有和谐共处。比如，假设一个数据集市正在哼着甲壳虫乐队的歌，一个数据集市正在弹奏巴赫的钢琴曲，一个数据集市正在演唱国歌，还有一个数据集市正在唱圣诞颂歌，这些声音在一起不会形成优美的音乐。

　　通过仔细检查发现，似乎不同的数据集市是从截然不同的数据中运行的。一个数据集市预示公司破产，一个数据集市预示公司下个月上市，一个数据集市看到竞争对手的竞争异常激烈，还有一个数据集市希望公司被大公司进行收购。总而言之，数据集市背后的每个组织对公司的看法都不同。图 8-4 所示为不同数据集市之间的数据差异。

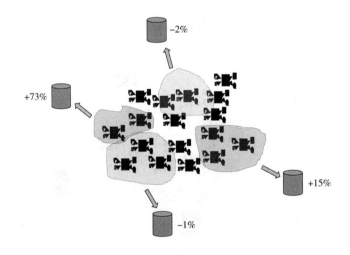

图 8-4　不同数据集市之间的数据差异

在一些组织中，这种差异会加剧。

糟糕的公司决策

当数据不再被用于做决策时，组织将面临真正的危险。组织随时可能做出一些非常糟糕的决定，而市场会对做出错误决定的组织进行惩罚，比如福特的 Edsel、IBM 的 Watson、DeLorean、Enron、Sharper Image、British Petroleum 石油勘探公司和 Pan Am 航空公司。因此，组织获取真实数据并处理这些数据是非常关键的。

> 一旦组织收集了真实数据，就需要理解数据并基于数据做出良好的公司决策。

建立更多的数据集市，堆积更多的数据，聘用更多的顾问，并不能解决问题。需要的是架构上的改变。仅仅尝试做过去所做的事情并不是解决办法。

在这一点上，组织面临这样一个现实，即组织所需要的是单一版本的真实数据，也就是可信的数据。当组织最终接受这一现实时，构建数据仓库的道路就开始了。

毫无疑问，构建数据仓库是一个长期的过程。太多的数据需要修正，太多的应用程序代表昨天的数据，太多的人执着于他们的数据集市，而不管数据集市中有没有正确的数据来帮助他们做出正确的决策。

> 然而做出错误决定的痛苦在于，组织最后将致力于清理由于未集成的应用程序而造成的混乱。

进入数据仓库: 单一版本事实

数据仓库逐渐形成。图 8-5 所示为迁移到集成数据集市环境的第
一步。

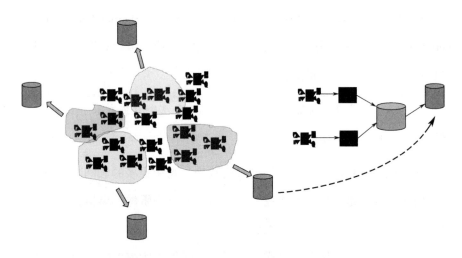

图 8-5 最初迁移到集成数据集市的过程很缓慢

但随着时间的推移,越来越多的企业数据开始被收集到数据仓库中,
越来越多的最终用户被吸引到数据仓库中。在某个时刻达到了一个临界
点,组织开始使用在数据仓库中找到的企业数据来作为已经构建的数据集
市的基础。

图 8-6 所示为许多数据集市向数据仓库提供的基础进行迁移,出现了
集成数据集市的加速发展。

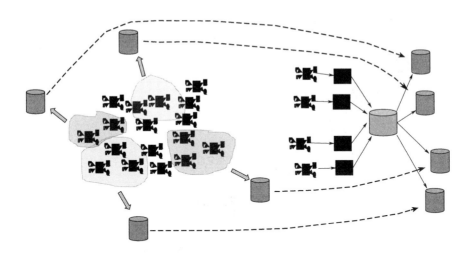

图 8-6　但很快就出现了集成数据集市的加速发展

上述迁移是一个渐进的过程，需要 6 个月到 6 年的时间。不同的组织有他们自己的速度。经过一段时间后，组织最终发展为图 8-7 所示的状态。

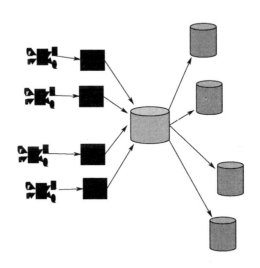

图 8-7　组织最终状态

迁移到集成数据集市的步骤如图 8-8 所示。

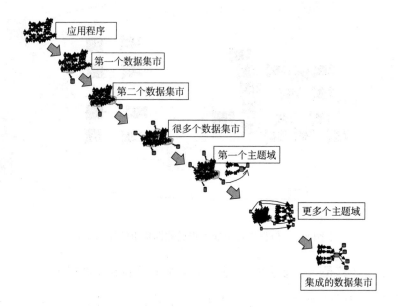

图 8-8　迁移到集成数据集市的步骤

第二部分

统一星型模型的应用

第9章 统一星型模型简介

在第一部分里,回顾了数据仓库的前生今世,了解到集成数据集市是现代企业中常见的解决方案。但是也了解到企业建立越来越多的数据集市,从而将导致混乱。这个问题需要被解决。

统一星型模型可以解决这个问题。

在本章中,会介绍统一星型模型,了解它的架构、使用场景以及统一星型模型方法与传统方法的区别。类比法有助于理解统一星型模型的关键概念,如猎食者与猎物,以及通过电话线连接的房屋。本章还会讲到去范式化的坏处。

统一星型模型是一个以"Bridge 表"为中心的星型模型,如图 9-1 所示。

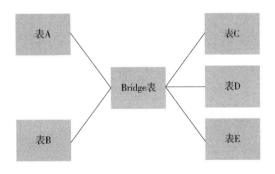

图 9-1 以"Bridge 表"为中心的星型模型

Bridge 表负责处理所有表之间的连接，比如销售（Sales）表、产品（Products）表、客户（Clients）表、发货（Shipments）表、发票（Invoices）表、采购（Purchases）表、供应商（Suppliers）表、目标（Targets）表和库存（Stock）表。如果创建一个关联所有这些表的普通关联查询，那么最终会得到重复的数据。相反，使用"Bridge 表"，根本不会产生重复数据，下面的内容将会介绍怎样做到这一点。

请注意，在传统的维度建模中，每个星型模型（或者雪花模型）每次都会以单个事实表为中心。如果有 6 个事实表，就需要创建至少 6 个星型模型。在某些情况下，会以不同的方式在不同的粒度上使用相同的事实表。因此，商业智能项目通常会有大量的星型模型（或者雪花模型）。然而，通过 Bridge 表的方式，就只需要有一个星型模型。无论有多少不同粒度的事实表和维表，以及多繁杂的业务需求，都可以始终以一个星型模型为基础去解决所有可能的业务需求。

虽然在以后的章节中会经常使用术语"事实表"和"维表"，但构建统一星型模型的方法论中并不对它们进行区分。唯一的区别是表中是否包含"度量"。

不同的文献中对度量有各种各样的定义，但这里会给出一个自己的定义。想象一下，一个商业智能报表中有个条形图，其中包含 x 轴和 y 轴。度量是那些可以展示在 y 轴上数值型的数据，通常可以用来计算汇总值或者平均值。相反，在 x 轴上会发现维度，它们通常是一些包含文本描述、日期或者一些无法进行聚合计算的数值的列。在后面的章节中，会有更多介绍度量的例子。

在传统的维度建模中，度量属于事实表。事实上，度量可以放在任何地方。这里用 Northwind 来举个例子，"Products 表"中有库存数量和订购数量。因此可以说 Products 表包含度量，但它肯定不是事实表。统一星型模型打破了将度量建在事实表的做法，所有表在统一星型模型都是一样的。

统一星型模型方法的终极目标是大幅减少数据转换。在传统的数据建模中，每个数据集市都是为临时响应特定的业务需求而建立的，而统一星型模型则不必如此。

> 使用 USS 方法建一个数据集市，可以作为每个可能的业务需求的基础。

如果业务需求非常复杂，则可能需要在统一星型模型的基础上构建额外的转换和视图。在一般场景中，基本不需要做任何数据转换，统一星型模型将是人们随时可用的数据源。

架构

统一星型模型是一个数据集市，位于数据仓库的展示层。如图 9-2 所示，传统的数据集市通常由多个星型模型或者雪花模型组成。而统一星型模型里只有一个星型模型。

统一星型模型的设计过程非常简单。

> 创建统一星型模型，不需要按照经典的概念模型、逻辑模型、物理模型的方式。统一星型模型完全基于数据构建，并不依赖业务需求。

业务需求在数据仓库设计的过程中起着重要的作用，因为它们首先定义了项目的"范围"。一个组织可能会有成千上万个表，但只有其中一小

统一·星型模型
——一种敏捷灵活的数据仓库和分析设计方法

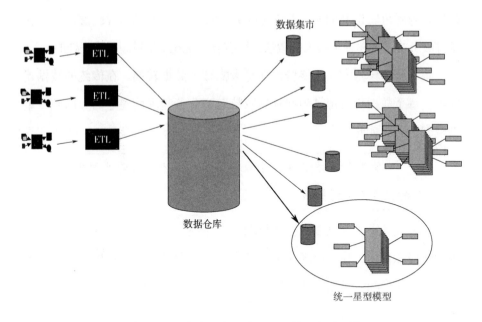

图 9-2　传统的数据集市通常由多个星型模型或雪花模型组成

部分需要被加载到数据仓库中。数据仓库的"核心层"包含了"范围内"的所有数据。人们称这些数据为"原始数据",它们还没法被最终用户使用。随后,在表示层中,数据集市会实现最终用户希望在最终报表和仪表盘中看到的数据细节。

统一星型模型对这种模式做了一些改变:数据仓库中的表示层和核心层一样,也是"无偏见"(Unbiased)的。它随时可以被最终用户使用,但完全独立于业务需求。业务需求被推到数据仓库之外,它们由 BI 工具来实现,因为那里才是解决业务需求的地方。

用 BI 工具搞定业务需求。

说 BI 工具是适合实现业务需求的地方,是出于这几个原因:首先,BI工具非常强大,它们的函数库往往比 SQL 更丰富且更智能;其次,BI 工具更易于使用，大多数都有图形化界面，没有数据专业知识的最终用户用起来也很容易上手。最后不能不提的是，KPI（Key Performance Indicator，关键绩效指标）中往往包含需要在 BI 工具中完成的数值比率计算，因为比率数据在数据集市中无法进行"累加"。下面对此做详细阐述。

假如现在需要实现一个 KPI，以百分比计算销售额与目标的比率。如果在数据集市中逐行计算这个比率，则无法进行聚合计算，因为比率值累加是无意义的。相反，如果在 BI 工具中计算，则会对所有的值先累加，再进行比率计算。BI 工具中的 KPI 计算，是通过正确的顺序来执行的。

把业务需求放到 BI 工具中实现，听起来好像是"推迟问题"，其实不然。在现在的实际场景中，业务需求有的在数据集市中实现，也有的在 BI 工具中实现。"这里一些，那里一些"，这不是一个好的解决方式。将整个业务逻辑转到 BI 工具中，会使维护变得更容易，因为只需要维护一个地方而不是两个地方。

然而，必须说的是，每个项目都有其自身的特点，最终的决策需要数据架构师根据一系列特定的需求和挑战来决定。在某些时候，因为性能或者数据复用性的需求，可能需要在数据仓库中实现部分业务逻辑。建议除非有更好的理由不这么做，否则尽量把业务需求放在 BI 工具里去实现。

构建一个数据集市作为每个可能的业务需求的基础并不简单。接下来的内容中，会揭秘统一星型模型如何达到这一结果。

统一星型建模方法

只要数据源是二维表的形式，比如数据库表、Excel 文件和 CSV 文件，就可以使用统一星型模型。

非表格形式的数据只要可以转换成二维表，也可以用统一星型模型构建，比如 XML 文件、JSON 文件、Avro 格式（一种 Hadoop 大数据的数据格式）文件、Parquet 数据存储文件，或者其他能转换为表格形式的数据。这使得统一星型模型非常容易与云技术和 API 集成。

统一星型模型方法的指导原则是，两个表之间永不直接互相连接，而总是通过"Bridge 表"的方式来连接。

在统一星型模型中，所有表都是通过"Bridge 表"来连接的。

图 9-3 所示为传统方法和统一星型模型方法的主要区别。

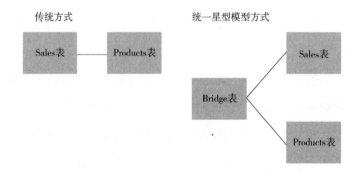

图 9-3　传统方法和统一星型模型方法的主要区别

有必要用一个例子来澄清这个概念。请注意，后续内容所有的示例都只有较少的几行数据，不需要百万行的数据，10 ~ 15 行的数据足以用来展示想澄清的概念。图 9-4 所示为 Salses 表和 Products 表。

这两个表通过产品 ID 连接，产品 ID 在 Sales 表中是"Product"列，在 Products 表中是"ProductID"列。图 9-5 所示为一个 SQL 查询语句，使用的是传统方式。

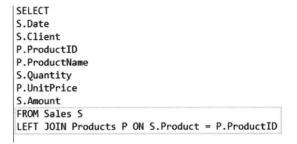

图 9-4　Sales 表和 Products 表

```
SELECT
S.Date
S.Client
P.ProductID
P.ProductName
S.Quantity
P.UnitPrice
S.Amount
FROM Sales S
LEFT JOIN Products P ON S.Product = P.ProductID
```

图 9-5　基于传统方式的 SQL 查询语句

　　创建一个 SQL 查询通常要读取多个表。在传统的方式中，需要确认那个表为主表（这个例子里，Sales 表是主表），然后一个一个地增加其他需要查询的表。在传统方式的 SQL 查询里，选择表的顺序和产生的结果关系很大：选择不同的主表或者变化两表的顺序都会产生不同的结果。图 9-6 所示是 SQL 查询后的结果。

Date	Client	ProductID	ProductName	Quantity	UnitPrice	Amount
01-Jan	Bill	PR01	Hard Disk Drive	1	100	100
02-Jan	Bill	PR02	Keyboard	1	70	70
02-Jan	Francesco	PR02	Keyboard	2	70	140
03-Jan	Francesco	PR03	Tablet	1	300	300

图 9-6　基于传统方式的 SQL 查询结果

　　现在介绍一个简单的 Bridge 表的例子，如图 9-7 所示。

　　Bridge 表是一个仅包含 ID 的表。这是一个简化的版本。后面的内容会给出 Bridge 表的恰当定义，以及构建 Bridge 表的相关规则和规范。

SalesID	ProductID
1	PRO1
2	PRO2
3	PRO2
4	PRO3

图 9-7　简单的 Bridge 表的例子

使用统一星型模型方法的 SQL 查询，总是以 Bridge 表作为主表，与其他表以"（左连接）left join"的方式进行连接。在使用 USS 方法时，与其他表连接的先后顺序不会影响最终的查询结果。

图 9-8 所示 SQL 查询语句的结果和图 9-6 中所示的结果一样。后续的内容会说明使用这种方法的好处。

```
SELECT
S.Date
S.Client
P.ProductID
P.ProductName
S.Quantity
P.UnitPrice
S.Amount
FROM Bridge B
LEFT JOIN Sales S ON B.SalesID = S.SalesID
LEFT JOIN Products P ON B.ProductID = P.ProductID
```

图 9-8　一个基于统一星型模型的 SQL 查询语句

USS 方法要求每个表都有一个"唯一标识"字段：一个用来唯一标识表中每一行的列。当唯一标识需要由多列构成时，推荐将它们拼接（Concatenate）或者哈希成一个单列字段。这个唯一标识用来连接普通表和 Bridge 表。如果这样的唯一标识不存在，则可以创建"代理键"：一个没有业务意义的由系统生成的唯一标识。

在本书中，使用术语"主键"（Primary Key，PK）来表示一个表的唯一标识。在一个表里可能有多个唯一标识字段，但只能有一个可以被选为"主键"。

术语"主键"可能会带来一些混淆，因为在关系数据库中，"主键"

有"强制型主键"的特定意义：主键违反唯一约束时会抛出异常。但这不是本书中要表达的含义，本书中的主键仅仅表示表中的唯一标识。在其他的书中可能称为"业务键"或者"自然键"。

同样，本书中用术语"外键"（ForreignKey，FK）来表示一个字段引用了其他表中的主键。这个术语同样可能带来混淆，因为在关系数据库中，术语"外键"有"强制性外键"的特定意义：当特定值未被引用时则抛出异常。这不是本书中要表达的含义，本书中的外键仅仅用来表示一个列引用了其他某个表的主键。

图 9-4 举了 Sales 表和 Products 表的例子，"ProductID"列是 Products 表的主键，Sales 表中的"Product"列是引用了 Products 表的外键。

现在说明白了本书中所讲的主键和外键，是时候给出 Bridge 表的初步定义了。

Bridge 表是一个包含了所有表中的主键和外键的表。

猎食者与猎物

数据库中的表需要互相连接。

理解这里所说的连接始终是"有方向的"很重要：一个表指向另外一个表，反过来则不行。正因为如此，在图 9-9 中用箭头来表示方向。

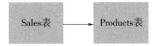

图 9-9　Sales 表可指向 Products 表，但 Products 表不能指向 Sales 表

> 两表之间的连接通常是单向的。

"有向连接"（Oriented Connection）是统一星型模型方法的基础概念。在这个概念的基础上引入了新的概念——"有向数据模型"（Oriented Data Model，ODM），它是绘制数据模型的图形规范。基于 ODM 的约定，给出"扇形陷阱"和"Chasm 陷阱"的一些直接和简化的定义，在商业智能项目中经常遇到这两类问题。这些陷阱会产生重复数据，会带来很多问题。基于我们的简化定义，会很容易发现并且避免这两类问题。

> 解决问题很棒，预防问题则更好。

如图 9-10 所示，使用野生动物的类比，可以更好地了解有向连接的概念。把数据库中的表比作猎食者和猎物，比如狮子和羚羊。Sales 表中有一个外键引用 Products 表中的主键。通过这个键，Sales 表 "掠夺" 了 Products 表中的一些信息。因此，可以把 Sales 表当作猎食者，把 Products 表当作猎物。Sales 表是狮子，Products 表是羚羊。因此，通常说 "Sales 表连向 Products 表"。

图 9-10　Sales 表指向 Products 表，就像狮子吃羚羊一样

用猎食者和猎物的类比来帮助记住两个表之间的连接总是有方向的：由一个表指向另外一个表，但不能反向来连。羚羊永远不会猎吃狮子。同

样，Products 表永远不会有一个外键指向 Sales 表。

　　第一个例子比较简单，它只处理了两个对象，并且很容易判断谁是猎食者，谁是猎物。但在现实世界往往要复杂得多。有时多个猎食者会猎吃相同的猎物。狮子会猎吃羚羊，猎豹同样会猎吃羚羊，狮子还会猎吃猎豹，如图 9-11 所示。

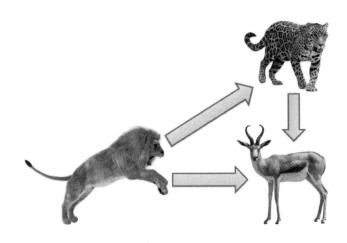

图 9-11　事实上食物链往往不是单链那么简单

　　食物链，虽然名字带链，但根本不是一个链，实际上是一个错综复杂的关系。

　　数据库中表之间的关系比野生动物的食物链还要复杂。传统的维度建模基于简单的假设：事实表指向维表。或者，在雪花模型中，维表指向同一层次中其他的维表。这两种情况只是实际情况的一部分。有时存在一个事实表指向另外一个事实表。有时一个维表指向不在同一个层次的维表。有时多个事实表在不同粒度上指向同一个维表。有时很难区分一个表是事实表还是维表。有时表之间形成一个闭环，这也被称为"循环依赖"或者"环"。有时需要从多个表中查询信息，又发现没法简单地将它们连接起来。有时两个表之间互相指向对方。有时一个表指向自己。类似的场景不胜枚举。

需要一个数据结构来轻松解决这些场景。这就是统一数据模型的用武之地了。

循环

循环是商业智能中经常出现的另一个问题,所以本章会重点介绍这个问题。

接着之前的 Sales 表和 Products 表的例子,新增一个 Shipments 表,Shipments 表是事实表。

在日常生活里,当下了一笔大单时,可能供应商并没有足够的库存。想象一下这么一个场景,一个客户需要购买 40 块硬盘,但是商店里只有 10 块。第一次发货应立即进行,将 10 块现有硬盘立即发出,剩下的 30 块硬盘则应尽快发货。

在底层的数据库中,Shipments 表的一个外键指向 Sales 表的主键。在这个例子中,Shipments 表是猎食者,Sales 表是猎物。这是一个事实表指向事实表的例子。如图 9-12 所示,展示了 Shipments 表和 Sales 表的有向连接。

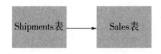

图 9-12 一个事实表(Shipments 表)和另外一个事实表(Sales 表)的有向连接

因为这个连接,Shipments 表中的每行数据都能在 Sales 表中找出一对一的对应数据。这对查询每份发货单的销售时间可能有用。基于此，可以逐条计算"发货延时时长"。更进一步，可以建立 KPI，展示每个国家、每个产品类别、每个月的平均发货延时等。

这是一个"一对多"的关系。Sales 表中的一条销售记录会与 Shipments 表中的多条发货记录关联，但 Shipments 表中的每条发货记录"有且只有"一条 Sales 表中的销售记录。

图 9-13 所示为 Shipments 表中的两条发货记录关联 Sales 表中的同一条销售记录。

Shipments表：

ShipmentID	SalesID	ShipmentDate	ShipmentQuantity	ShipmentAmount
1	1	01-Jan	1	100
2	2	02-Jan	1	70
3	3	02-Jan	2	140
4	4	03-Jan	1	300
5	5	04-Jan	10	1000
6	5	31-Jan	30	3000

Sales表：

SalesID	Date	Client	Product	Quantity	Amount
1	01-Jan	Bill	PR01	1	100
2	02-Jan	Bill	PR02	1	70
3	02-Jan	Francesco	PR02	2	140
4	03-Jan	Francesco	PR03	1	300
5	04-Jan	Francesco	PR01	40	4000

图 9-13　Shipments 表中的两条发货记录关联 Sales 表中的同一条销售记录

同样，Sales 表指向 Products 表，就形成一条链。图 9-14 所示为 Shipments 表、Sales 表和 Products 表连成了一条链。

图 9-14　Shipments 表、Sales 表和 Products 表连成了一条链

在上面的模型中，Sales 表在中间，既是猎食者，也是猎物。

但如果 Shipments 表中包含一个直接连向 Products 表的 ProductID 列，那么会发生什么？因为增加了一个连接，就产生了一个"环"，如图 9-15 所示。

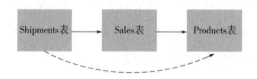

图 9-15   如果在 Shipments 表和 Products 表之间增加一个连接，就会产生一个"环"

"环"是实体（Entities）间的拓扑结构，从一个实体到另一个实体存在多条路径。在图 9-16 的环中，从 A 到 C，可以直接连，也可以通过 B，这就是环。

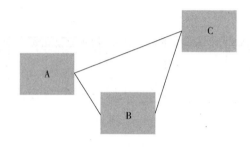

图 9-16   环的模式

在图 9-15 所示的特定环中，如果在 Sales 表中也有相同的信息，则可以通过"忽略"Shipments 表和 Products 表之间的直接连接来解决问题。当中间过程一切顺利时，这个假设应该是正确的，但情况并非总是如此。Shipments 表到 Products 表的直接连接在解决某些问题时是有用的。一般来讲，不要忽略外键。

环（Loops）会带来"歧义"，这在 SQL 中是一个很大的问题，在 SQL 查询语句执行时会抛出错误。环在 BI 工具里也同样会抛出错误。

为了更好地解释"环"，再做个类比：乡村里用电话线相连的房屋，如图 9-17 所示。

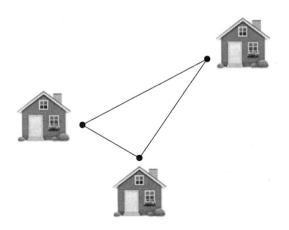

图 9-17　表和连接比喻成房屋和电话线

用房屋类比数据库中的表，表之间的连接就如同连接两个房屋间的电话线。

如果有 3 个房屋并且避免形成环，那么最多使用两条线，如图 9-18 所示。如果有第三条线，则将不可避免地形成环。

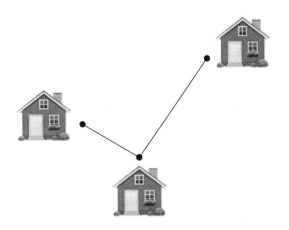

图 9-18　最多使用两条线连接 3 个房屋，以避免形成环

如果有 5 个房屋并且避免形成环，则最多能使用 4 条线，如图 9-19 所

示。加入第 5 条线同样会形成环。在纸上用笔很快能得出结论：超过 4 条
线肯定会形成环。

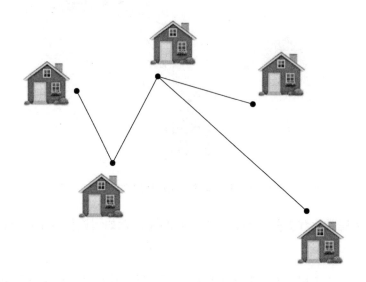

图 9-19　最多使用 4 条线连接 5 个房屋，以避免形成环

能得出以下结论：

> 如果有 n 间房屋，并且需要避免形成环，则最多使用
> $n-1$ 条线。同样，如果有 n 个表，并且避免形成环，则
> 最多使用 $n-1$ 条连接。

在传统的数据库中，如果有 n 个表，通常会有超过 $n-1$ 个连接。这意
味着，如果需要避免环，则需要 "忽视"（Disregard）一些连接。换句话
说，需要忽视一些外键字段。但忽视外键字段意味着丢失信息，这并不是
人们所期望的。

还有另外一个问题需要确认：如果允许创建环，那么最多会创建多少
个连接。在图 9-20 所示的 5 个房子的例子中，最多产生 10 个连接。这 10

个连接从何而来？这里有个公式：$n(n-1)/2$。所以 $n=5$ 时，$5 \times (5-1)/2 = 10$。如果有 100 个屋子（$n=100$），则最多可能产生 $100 \times (100-1)/2 = 4950$ 个连接。

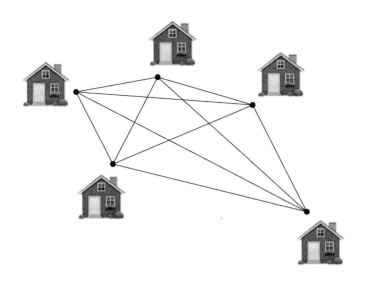

图 9-20　5 个房屋最多有 10 个连接

很显然，这些线会产生很多环，但这些线又都是必需的。请思考如何解决这个问题。

中央表

如果需要将这些房屋连接到一起，还要避免成环，则可以增加一台中央总机，如图 9-21 所示。

中央总机是一台处理所有连接的设备。图 9-22 所示是一台老式的电话总机。

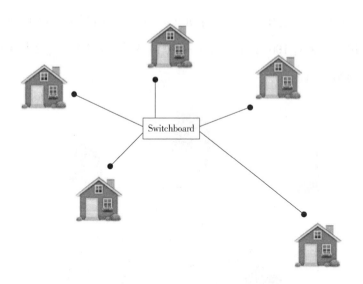

图 9-21 增加一台中央总机来处理所有连接

图 9-22 老式电话总机

统一星型模型中的 Bridge 表和电话总机非常相似。

如果在数据库中有 100 个表,它们都将连接到 Bridge 表上,那么在数据模型图中会展示 100 个连接。但实际上,Bridge 表可以处理所有的 4950 个连接,如图 9-23 所示。

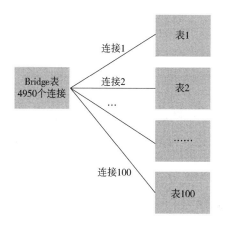

图 9-23 Bridge 表能够处理比图中所示更多的连接

在实际场景中，使用"一表多态"（Multiple Stages per Table）技术，100 张表通过 Bridge 表能够处理超过 4950 个连接。本书后面的篇幅中会介绍这类更深入的主题。

在本章的图 9-15 中，Shipments 表、Sales 表和 Products 表的连接图中有一个环。使用 Bridge 表的话，无须废弃（Discarding）其中的任何一个连接，就可以保存全部连接。图 9-24 所示的例子展示使用 USS 方法实现此目的。

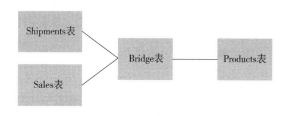

图 9-24 Bridge 表解决了环的问题

虽然图 9-24 所示的模型非常简单，但却非常神奇。图中的 3 条线都是普通表到 Bridge 表之间的连接，可以称它们为"微不足道的连接"（Trivial

Connections）。但关于"谁指向谁"这样重要的信息，都"内嵌"在
Bridge 表之中。

现在，所有的连接都在"魔盒"里处理。

下面的内容将会详细阐述这是怎么实现的。

去范式化的威胁

在继续下一章之前，来讨论下去范式化，也就是所谓的"扁平化"
过程。

数据通常是在应用中产生的。应用中数据的基本结构是关系模型。这
也是近几十年来公认的最好的处理方式，时至今日也是最为普遍和推荐的
行业标准。

数据仓库的结构也是关系模型。为了方便分析，通常将数据集市的标
准结构设置为维度模型。因为数据集市中的数据关系被尽可能地缩小了，
数据变得更易于访问和分析了。维度模型的组织方式，让开发人员不需要
通过复杂的连接查询去访问数据。在某些场景下，数据通过去范式化处理
后合并到一个表（或者视图）中，这意味着开发人员根本不用创建任何表
之间的关联查询。

现在深入讨论下，如果去范式化这么好，那么为什么不建一个完全去
范式化的大表把所有的表连接在一起呢？为什么不建一个"包容一切的大
表"？

针对这问题，最普遍的回答是"规模""性能"和"安全"。也有人

会说放这么多列在相同的表中会给最终用户带来困惑。

但这些都不是真正的原因。真正的原因是一个完全去范式化的表会带来两类问题：

1）数据丢失。

2）数据重复。

用微软非常著名的范例数据库"Northwind"来举例。它只包含 13 个表，3308 行记录，86 个字段。可以很清楚地知道的是，数据规模、性能和安全在这么小规模范例数据的数据库里不可能会成为问题。那么，这是否意味着可以把 13 个表关联起来，去范式化成一个表吗？

不，不可以这么做。如果这样做，就会造成数据丢失和数据重复问题。

去范式化会导致数据丢失和数据重复的问题。

丢失数据不是一件好事，数据重复则更糟，因为它会导致不正确的数字。

所谓"不正确的数字"，指的是数字（记录）与数据源中的数字（记录）不一样。

在下一章，会更详细地介绍产生数据丢失的场景。读者就会明白为什么会有这种现象，还要学会如何预防这样的问题。

第 10 章　数据丢失

在这一章节，主要学习关于数据丢失以及不建议在数据集市中使用全外连接（full outer join）的原因。根据定义，其他所有的连接类型（inner、left 和 right）都会丢弃一部分数据。因此，使用这些连接构建的数据集市只能解答一部分可能存在的问题。而由于统一星型模型不会创建任何连接，所以其不会有数据丢失。通过介绍统一星型模型的命名约定，开发者和最终用户的工作会更轻松，同样也会让他们学习到 Bridge 表以及它是如何与其他表关联的。根据 Spotfire 的实操指引，最终用户即使不是数据专家也很容易创建仪表盘。

数据丢失是一种人们能在数据转换过程中观察到的现象。现在可以想象一个场景，基于一组原始表（A、B、C 等），生成一个新表 T（字母"T"表示"Transformed"）。

当新表 T 包含的信息少于原始表时，称这个转换造成了数据丢失，如图 10-1 所示。

数据丢失会出现在不同的场景。当人们想要通过单表 A 的搜索获取行的子集（使用 WHERE 子句）或者列的子集时，数据丢失就会发生；或者，当检索 A 表行的聚合（使用 GROUPBY 子句）时，数据丢失也会发生。可以说，只要人们因为特定的应用场景去获取 A 的特定部分，数据丢失都是显而易见的。

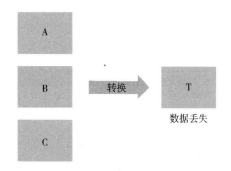

图 10-1 当表 T 包含的信息少于原始表 A、B、C 时，就是数据丢失

不仅如此，当将一组表（A、B、C 等）连接（join）在一起去范式化时，数据丢失的现象也会出现。在许多情况下，连接（join）都造成了数据丢失，然而人们往往会忽略这个问题。

本章主要介绍由于连接（join）造成数据丢失的场景。如上文所讲，数据丢失是一个很宽泛的概念，也是一个需要被解决的问题。

数据丢失是目前数据集市有很大冗余的关键原因之一。为什么这样讲呢？因为新表 T 通常是为某个特定的业务需求构建的即席查询，对其他业务需求而言并不总是适用。每一个新的业务需求都将会产生越来越多相同信息的副本。这些信息副本都很相似，但都不相同。

如果能设法消除数据丢失，那么将会有机会减少数据集市的冗余。

基于 Sales 表和 Products 表的示例

这里将使用前文提到的 Sales 表和 Products 表的相关案例来介绍数据丢失。为了案例叙述更加全面，在 Sales 表中增加了一行 Product 为"PR99"

的新数据记录，而 Products 表中不包含这一行，这个被称为"非参考 ID（Non-referenced ID）"或者是"孤键（Orphan Key）"，如图 10-2 所示。

SalesID	Date	Client	Product	Quantity	Amount
1	01-Jan	Bill	PR01	1	100
2	02-Jan	Bill	PR02	1	70
3	02-Jan	Francesco	PR02	2	140
4	03-Jan	Francesco	PR03	1	300
5	04-Jan	Francesco	PR99	3	600

图 10-2　Sales 表中含有一个孤键——PR99

含孤键的这一行记录对 Sales 表而言是有效的，因此人们并不想丢失它。图 10-3 是上一章中的 Products 表。

ProductID	ProductName	UnitPrice
PR01	Hard Disk Drive	100
PR02	Keyboard	70
PR03	Tablet	300
PR04	Laptop	400

图 10-3　Products 表

请注意，Products 表中有一行 ProductID 为 PR04 的记录，其没有出现在 Sales 表中。这并不是一个孤键，因为我们并不认为所有存在的产品都会出现在 Sales 表中。但是 PR04 这行记录包含了一些有用的信息：能够看到其是一个单价为 400 的笔记本计算机。这也是不想丢失的一行记录。

那么，现在将看到的两个表连接（join）在一起。

当在两个表之间创建连接（join）时，总是需要在创建 inner join、left join、right join 或者 full outer join 之间做出一个决定。

请注意，"left"和"right"在 SQL 中与数据模型图是无关的。"left"仅表示在 SQL 查询中首先被提及的表，"right"则表示其次被提及的表。现在执行一个 Sales 表首先被提及的 SQL 查询的例子：这意味着"left" join 将会保留 Sales 表所有的行，并且会丢弃 Products 表所有未匹配到的行。

在查看 4 种类型 join 之前，先绘制两个表之间关系的韦恩图。这将对案例的可视化非常有帮助。韦恩图需要基于 Sales 表中的 Product 字段和 Products 表中 ProductID 字段中相同的元素进行绘制。图 10-4 为绘制的韦恩图。

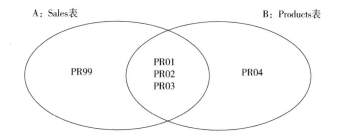

图 10-4 韦恩图展示了哪些 ProductID 是两个表共有的，

哪些 ProductID 不是两个表共有的

这里将 Sales 表放在韦恩图的左侧，将 Products 表放在右侧，仅仅是为了与 SQL 写法语义一致。这样，在 SQL 查询和韦恩图中，左表始终都表示 Sales 表。请注意，韦恩图中的元素是绝对不能重复的。例如，PR02 在 Sales 表中出现了两次，但在图 10-2 的韦恩图中只出现了一次。

如果在两个表之间创建 inner join，那么关联后的结果将只会保留同时出现在两个表中的产品：PR01、PR02、PR03。查询结果如图 10-5 所示。

SalesID	Date	Client	Product	Quantity	Amount	ProductID	ProductName	UnitPrice
1	01-Jan	Bill	PR01	1	100	PR01	Hard Disk Drive	100
2	02-Jan	Bill	PR02	1	70	PR02	Keyboard	70
3	02-Jan	Francesco	PR02	2	140	PR02	Keyboard	70
4	03-Jan	Francesco	PR03	1	300	PR03	Tablet	300

图 10-5 inner join 仅保留两个表共有产品所在行的查询结果

在这个查询中，Products 表中一行 ProductID 为 PR04 的记录已经被丢弃。此外，Sales 表中 Product 为 PR99、Amount 为 600 的一行记录同样也已经被丢弃了。这将会造成销售总额不正确的后果。以上就是一个数据丢失的案例。

请注意，通常来说，innerjoin 没有什么问题，这在商业智能领域也很常见。但是开发者需要意识到这种数据丢失的风险。当这是为特定业务需求创建的即席查询时，inner join 就会是一个明智的选择。但当人们是为数据集市准备可以满足多种商业需求的数据时，不管现在还是将来，都不推荐使用 innerjoin。

如图 10-6 所示，当进行 full outer join 时，不会有数据丢失，但是关联的结果看起来有一些奇怪，这是因为它混合了一些并没有真正意义的数据。它既不能表示 Sales 表的列表，也不能表示 Products 表的列表。我们甚至不能给这个结果表一个准确的名字，它既不是 Sales 表，也不是 Products 表，只是两个表混合在一起的结果。

SalesID	Date	Client	Product	Quantity	Amount	ProductID	ProductName	UnitPrice
1	01-Jan	Bill	PR01	1	100	PR01	Hard Disk Drive	100
2	02-Jan	Bill	PR02	1	70	PR02	Keyboard	70
3	02-Jan	Francesco	PR02	2	140	PR02	Keyboard	70
4	03-Jan	Francesco	PR03	1	300	PR03	Tablet	300
5	04-Jan	Francesco	PR99	3	600			
						PR04	Laptop	400

图 10-6 full outer join 不会丢失数据，但是结果是一个奇怪的混合数据表

这也是不建议使用的查询。虽然它没有数据丢失，但是关联的结果是一个奇怪的混合数据表。

right join 同样也是一个不推荐的选择，因为 Sales 表中 Product 为

PR99、Amount 为 600 的这一行记录也会被丢弃，结果会造成销售金额不正确。

left join 大概是最明智的选择，因为它能够获得 Sales 表所有的数据行，如图 10-7 所示。

SalesID	Date	Client	Product	Quantity	Amount	ProductID	ProductName	UnitPrice
1	01-Jan	Bill	PR01	1	100	PR01	Hard Disk Drive	100
2	02-Jan	Bill	PR02	1	70	PR02	Keyboard	70
3	02-Jan	Francesco	PR02	2	140	PR02	Keyboard	70
4	03-Jan	Francesco	PR03	1	300	PR03	Tablet	300
5	04-Jan	Francesco	PR99	3	600			

图 10-7　left join 获得了 Sales 表所有的数据行

图 10-7 中的最后一行记录虽然没有显示出 ProductName 和 UnitPrice，但是至少不会丢失 Amount 为 600 的信息，以及其他来自 Sales 表的信息，如 Date、Client 以及 Quantity 等。仅仅丢失了 ProductID 为 PR04 的信息，无法知道 PR04 是一个 UnitPrice 为 400 的笔记本电脑。

现在能够得出一些结论。那么最佳使用的关联类型是什么？其实要看情况，这里因为可以展示 Sales 表所有的记录，因此 left join 看起来是最佳的选择。但是它丢失了 PR04 的产品信息。如果要获取从未销售过的产品列表，那么就无法从该查询中获取这些信息，此时宁可创建一个新的查询，以其他方式组合 Sales 表和 Products 表。

结论就是，选择哪种 join 类型取决于想要从表中获取什么样的信息。换句话说，查询是需要基于业务需求的。这也是当前商业智能项目的工作方式。

然而使用统一星型模型，对表的连接方式就可以不需要取决于业务需求。

使用统一星型模型，连接表的方式不需要依赖业务需求。

延迟连接

当对 A、B 两个表进行 join 时，会生成一个新表 T。如果使用 left join，那么将会产生数据丢失，如图 10-8 所示。

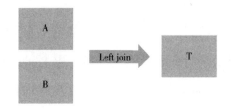

图 10-8　对 A、B 表进行 left join 生成新表 T，会有部分数据丢失

必须要理解的是，在 T 表中存储原始表 A、B 的所有信息是不可能的。当有新的问题不能通过 T 表来解答时，就必须要通过原始表 A、B 来进行解答。T 表是很有用处的，但是它仍然不能完全替代 A、B 原始表。

如果在数据仓库中构建了数据集市，并且数据集市是在 A、B 表间使用 left join 构建的，那么在不久的将来，会因为新的需求再次基于 A、B 表构建一个不同的数据集市。来自 A、B 表的数据将会出现在多个数据集市表中。相同的数据信息会被多次存储在磁盘上，这将会产生数据冗余。同时也会产生代码冗余和许多混乱。

因此，显而易见的是，想要避免数据丢失以及数据集市的冗余，就要避免创建关联。

统一星型模型无须构建任何 join。它仅仅是准备后续需要参与 join 的表。基于这样的做法，可以说统一星型模型没有数据丢失。

统一星型模型不会有数据丢失是因为不会创建任何 join。

只有当数据被最终用户消费时，才会创建 join，而不是事先就开始进行 join。

统一星型模型不会构建任何 join，但是它能够通过一种使最终用户工作更轻松的方式组织数据。这可能要归结于 Bridge 表和统一星型模型的命名约定。

统一星型模型的核心：Bridge 表

图 10-9 是 A 表、B 表和 Bridge 表。

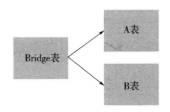

图 10-9　A 表、B 表和 Bridge 表

A 表和 B 表包含了所有的原始数据。由于还没有创建 join，所以不会有数据丢失。只有在使用数据时，它们才会和 Bridge 表连接。下面以 Sales 表和 Products 表的案例看看 Bridge 表是如何构建的。

如图 10-10 所示，Bridge 实际上是由多个 Stage 合并起来的一个外键矩阵，其中，每一个 Stage 的记录行数都与其来源表相同。

Stage	_KEY_Sales	_KEY_Products
Sales	1	PR01
Sales	2	PR02
Sales	3	PR02
Sales	4	PR03
Sales	5	PR99
Products	NULL	PR01
Products	NULL	PR02
Products	NULL	PR03
Products	NULL	PR04

图 10-10　Bridge 是一个由 Stage union 起来的外键矩阵

此处澄清"join"和"union"的含义是非常有必要的，因为在口语中它们的含义很相似，然而在 SQL 中，却是两种完全不同的操作。

这里从一个含有行和列的表说起，表的每一列都有列名。图 10-11 所示为 join 和 union 在宏观上的差异。

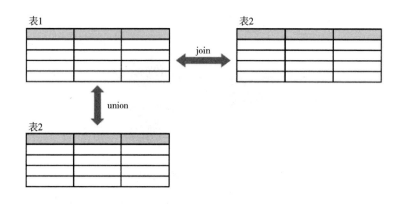

图 10-11　join 和 union 在宏观上的差异

可以用一句话来总结一下差异：

> 两个表 join 可使其各自的列彼此相邻，而两个表 union 则会使其各自的行彼此相邻。

当两个表具有相同的结构时，join 和 union 都非常容易创建，这是因为它们是两个相同的矩形。但当两个表是不同的矩形时会发生什么呢？

在实际场景中，两个表很少会有相同的结构。当必须要合并两个表时，它们通常是两个不同形状的矩形。图 10-12 所示为在不同形状的表之间如何创建 join 和 union。

图 10-12　在不同形状的表之间如何创建 join 和 union

如何合并这两个矩形与技术和计算机都没有关系，任何人都可以尝试用纸和笔来解决这个问题。唯一的约束就是结果必须是一个表，因此必须是矩形。

读者可以暂时合上书，试着自己画出表 1 与表 2 在 join 和 union 之后的结果。这将有助于理解统一星型模型的奇妙。

当下，经常会被超大规模数据集、分布式系统、安全防火墙、内存限制、高性能计算等技术所吸引。但是，往往会忘记用一张白纸和一支笔花费几分钟思考的力量。读者应该先画出两个表，然后尝试去合并它们。join 将会很容易，而 union 可能需要多思考一会。这几分钟的思考将弥足珍贵。图 10-13 是表 1 和表 2 使用 join 合并在一起的结果。

Key	Attribute X	Attribute Y	Attribute A	Attribute B	Attribute C
Key1	X1	Y1	A1	B1	C1
Key2	X2	Y2	A2	B2	C2
Key3	X3	Y3			
Key4	X4	Y4	A3	B3	C3
Key5			A4	B4	C4
Key6			A5	B5	C5

图 10-13　两个表使用 Join 合并在一起的结果

join 通过匹配键使两个表的行对齐，并使未匹配到键的单元格保持空（NULL）值。大多数开发者和分析人员都非常熟悉 join。图 10-14 是表 1 和表 2 使用 union 合并的结果。

Key	Attribute X	Attribute Y	Attribute A	Attribute B	Attribute C
Key1	X1	Y1			
Key1			A1	B1	C1
Key2	X2	Y2			
Key2			A2	B2	C2
Key3	X3	Y3			
Key4	X4	Y4			
Key4			A3	B3	C3
Key5			A4	B4	C4
Key6			A5	B5	C5

图 10-14　两个表使用 union 合并的结果

union 从来不会对齐数据行，并且也没有匹配键的概念。更直接地讲，union 根本没有"键"的概念，通常 union 和键的概念是没有关系的。但是 union 会试着去"堆叠"表示"相同内容"的列。"堆叠"是指"共享同一列"。在这个案例中，只有"Key"这一列是两个表共有的列，也正是如此，这一列被堆叠了起来。但是，如果在两个表中都有员工姓名或者创建日期一列，则这些列也需要被堆叠起来，因为它们表示相同的内容。列的名称不需要相同。例如，假设"Attribute Y"和"Attribute C"两列原本表示相同的内容，那么就应该将它们堆叠起来，并且由开发人员为它们选择一个合适的名称。这就是为什么计算机无法选择如何在两个表之间创建 u-nion 的原因。它需要一个能够理解所有列含义的人员去做。

请注意，如果所画的图形中是以不同的方式排列行的，就没有任何问题。只要画出了与图 10-14 所示的相同的 9 行，就是正确的。

基于上面的案例，大多数人会发现 join 比 union 好：使用 join，属性值会被展示在相同的行中，并且可以放在一起进行比较和计算。而使用 union，来自两个原始表的值总是会被展示在不同的行中。那么，为什么还需要 union 呢？下面进行解答。

现实世界会比这个案例复杂：当合并两个表时，它们通常不会有"相同的唯一标识符"。在本案例中看到的场景被称为"一对一"（有人称其为"一对零"，这是因为两组键不同）。这种情况是存在的，但是非常少见。较常见的情况是两个表有一个共同的元素，并且只有其中一个表是唯一的。这种情况被称为"一对多"。然而，最具挑战性和最有趣的情况是，两个表有一些共同元素，但它们都不是唯一的标识符。这种情况被称为"多对多"，这也正是 union 成为一个非常强大的解决方案的原因。

现在对"union"这一词有了很好的理解，可以回头看看图 10-10。Bridge 是通过一个 union 操作创建的，因为 Sales Stage 的值下方列出了 Products Stage 的值。在"_KEY_Products"列，能够看到来自两个表的值已经被堆叠起来，这是因为它们表示相同的内容。

Sales Stage 有 5 行记录，与 Sales 表完全一样。Products stage 有 4 行，也与 Products 表完全一样。Bridge 表的每一列都是一个指向某个表主键（PK）的外键（FK）。Sales Stage 指向了 Sales 和 Products（它们分别来源于 Sales 表和 Products 表），而 Products Stage 只指向了 Products（来源 Prod-ucts 表）。Products Stage 虽然没有指向除了 Products 以外的其他表，但是是

有用的，因为它包含了在其他地方看不到的 ID 为 PR04 的记录。对每个表，Bridge 表都会有一个相应的 Stage，即使表未指向任何内容也是如此。根据这个方法，获得了一个 full outer join 的结果：每个信息单元对最终用户而言都是可得到的。此时最终用户可以创建 left join，left join 不会有数据丢失。

由于多种因素，统一星型模型是以一种比传统模型更好的方式来组织数据表的。

首先，每一个业务实体作为一个独立表都是可用的。每个表的行数都有准确的业务含义，例如，如果 Products 表有 4 行，则意味着有 4 个产品。对去范式化的数据集市而言，此信息将是不可用的。

然后，更重要的是数据不是重复的。可以想象一下，Products 通常不仅会被 Sales 指向，而且会被更多的表指向。如果想要将 Products 嵌入 Sales 中，那么将需要在 Purchases 中嵌入另一个 "Products 副本"，并将另一个副本嵌入 Stock 中，以此类推。这将会生成许多相同的信息副本，并产生磁盘上的冗余和许多混乱。然而，使用统一星型模型，Products 只会有一个表，只能在一个地方使用。它可以被多种方式使用，但始终只会有一个表。

使用统一星型模型，数据不会被复制。每个表代表一个特定的业务实体。最终用户能够在使用数据时很容易地合并所有表。

下一个案例中，将会注意到 Bridge 表是一个非常大的表，但大部分数值是空的。就像在图 10-10 中看到的那样，由于 Products Stage 没有指向 Sales，所以含有一些 NULL 值。只有当表能够指向另外一个表时，Bridge

的空值才会被填充。就像是猎人瞄准猎物，这个 Stage 才会被填充一样，把 Stage 比喻成动物，狮子的 Stage 能够被密集地填充，是因为狮子是一个可以瞄准更多猎物的厉害猎人；换句话说，羚羊的 Stage 只能有一列填充，是因为羚羊从不瞄准任何其他动物；而猎豹的 Stage 也会被填充，但是肯定比狮子少，就是这个道理。

从概念上讲，Bridge 表是一个大表。但在某些情况下，将它物理地实现为一个多个表的组合会很方便：一个表对应一个 Stage。这些 Stage 将会在查询产生时合并在一起，并且最终用户将只会获取他们需要的 Stage。合并必须使用 union 来操作。这对最终用户而言不是难点，因为许多 BI 工具能够很容易地创建 union，尤其是当列名已经有了良好的命名约定时。

统一星型模型命名约定

使用统一星型模型，表和列的名称必须遵循简单、严谨、合理的命名约定。

Bridge 表的第一列总是被命名为 "Stage"（或者 "Bridge Stage"）。然后，每一列被命名为 "_KEY_TableName" 的形式，"TableName" 是列所指向的表的名称。

建议前面使用下画线 "_"，因为许多系统和工具会自动按照字母顺序排序，这会允许在开始时显示所有的键。有些系统（如 Oracle）不允许在列名前面使用下画线，这种情况下，由开发人员决定是省略下画线还是寻找替代方案。首字母大写（"_Key_"）还是使用全部大写（"_KEY_"）字母也依然要取决于开发者自己。真正重要的是名称的连贯性。

在这里的案例中，有 Sales 和 Products 两个表。这意味着 Bridge 表会有 3 列：Stage、_KEY_Sales、_KEY_Products。如果有 100 个表，那么 Bridge 表会有 101 列。如果有 N 张表，那么 Bridge 表将会有 $N+1$ 列。

当两个表有相同的名称时，有必要对其重命名，也就是所谓的"数据字典"。如果数据源是一个集成的数据仓库，那么重命名工作可能是由数据仓库团队完成的。但如果不是一个集成的数据仓库，那么构建统一星型模型的开发者必须去做。

举个例子，用户可能有一组分别来自两个不同数据源的表，一个是银行系统，另一个是 CRM。在这个案例中，银行系统中的 Accounts 表可能表示的是银行账户，而 CRM 中的 Accounts 表可能表示的是客户。这意味着有两个 Accounts 表，但是它们表示的是两个完全不同的业务实体，并且它们不能混淆在一起。当这种歧义发生时，必须要进行重命名。理想情况下，这应该在业务部门的一个或者多个最终用户的帮助下来完成。在本例中，一个简单的解决方案是将 CRM 中的 Accounts 表重命名为"Customers"。最终的表名称必须唯一、明智且直观。

同样的原则也适用于列名。如果 Customers 表中有一列为"ZIP Code"，并且在 Suppliers 表中也有一列为"ZIP Code"，那么这些列必须要进行重命名。重命名时，一个不错的名称可能是"Customer ZIP Code"和"Supplier ZIP Code"。不管上下文如何，每一列都必须完全是可理解的。用户必须要想象一下，将每一列的名称写在一张纸上，然后将所有的纸在桶中混合在一起。如果从桶中拿出一张纸，那么必须要能够知道这个名字表示的是什么。最终的列名称必须唯一、明智且直观。

表和列的名称不一定需要与最终报告和仪表盘中出现的名称匹配，因为它们总可以在 BI 工具中进一步重命名。对表和列重命名的目的是消除同义词并创建一个明智且直观的数据字典。

统一星型模型如何解决数据丢失

现在已经了解了 Bridge 表，那么接下来关注一下示例中的另外两个表，并了解该解决方案如何解决数据丢失的问题。

使用统一星型模型，几乎所有表都与原始表相同，但是它们必定会有一个名为"_KEY_TableName"的附加列。这一列必须是表的主键，建议将其放在第一列。图 10-15 所示是统一星型模型中的 Products 表。

_KEY_Products	ProductID	ProductName	UnitPrice
PR01	PR01	Hard Disk Drive	100
PR02	PR02	Keyboard	70
PR03	PR03	Tablet	300
PR04	PR04	Laptop	400

图 10-15　统一星型模型中的 Products 表

请注意，这个附加列_KEY_Products 与 ProductID 列是相同的，这并不是多余的。第一列是"技术列"，用于进行连接；第二列是"业务列"，可能会展示在最终报告和仪表盘中。

图 10-16 所示是统一星型模型中的 Sales 表。

_KEY_Sales	SalesID	Date	Client	Product	Quantity	Amount
1	1	01-Jan	Bill	PR01	1	100
2	2	02-Jan	Bill	PR02	1	70
3	3	02-Jan	Francesco	PR02	2	140
4	4	03-Jan	Francesco	PR03	1	300
5	5	04-Jan	Francesco	PR99	3	600

图 10-16　统一星型模型中的 Sales 表

同样的，_KEY_Sales 列与 SalesID 列是相同的。像前面一样，第一列是"技术列"，用于进行连接；第二列是"业务列"，可能会展示在最终报告和仪表盘中。在本例中，SalesID 是一个代理键，任何人都不想在报告中看到它，如果是这样，理论上可以将其删除。但是，建议在开发过程中保留，并且在之后隐藏它。

现在已经描述了 Bridge 表、Sales 表和 Products 表，可以将这 3 个部分放在一起，准备进行连接，如图 10-17 所示。

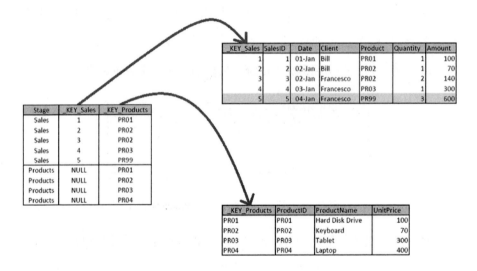

图 10-17　Bridge 表、Sales 表和 Products 表准备进行连接

请记住，统一星型模型不会创建任何 join。它只会在需要使用数据时准备需要连接的 Bridge 表。这通常会在 BI 工具中进行。

连接的结果将在 BI 工具中呈现，如图 10-18 所示。

请花一点时间来看图 10-18。前 3 列来自于 Bridge 表，中间的 6 列来自于 Sales 表，最后 3 列来自于 Products 表。

当 Bridge 表中的 ID 未被引用或者为 NULL 时，连接在一起的相应的列

Stage	KEY_Sales	KEY_Products	SalesID	Date	Client	Product	Quantity	Amount	ProductID	ProductName	UnitPrice
Sales	1	PR01	1	01-Jan	Bill	PR01	1	100	PR01	Hard Disk Drive	100
Sales	2	PR02	2	02-Jan	Bill	PR02	1	70	PR02	Keyboard	70
Sales	3	PR02	3	02-Jan	Francesco	PR02	2	140	PR02	Keyboard	70
Sales	4	PR03	4	03-Jan	Francesco	PR03	1	300	PR03	Tablet	300
Sales	5	PR99	5	04-Jan	Francesco	PR99	3	600	NULL because PR99 is unreferenced		
Products	NULL	PR01							PR01	Hard Disk Drive	100
Products	NULL	PR02		NULL because _KEY_Sales is NULL					PR02	Keyboard	70
Products	NULL	PR03							PR03	Tablet	300
Products	NULL	PR04							PR04	Laptop	400

图 10-18　连接的结果

也将为 NULL。在图 10-18 中可以很清楚地看到这一点。

因此，了解使用 join 的结果后，接下来了解为什么说统一星型模型解决了数据丢失的问题。

如果聚焦图 10-18 的上半部分（Sales Stage），这里注意到，结果和图 10-7 中看到的 Sales 表与 Products 表进行 "left join" 的结果是相同的。Sales 中 Amount 为 600 的行是可见的，产品 PR99 的属性是不可用的，并且产品 PR04 是不可见的。但是，除此之外，该图的下半部分（Products Stage）展示了所有现有产品的完整列表，不管这些产品是否在 Sales 表中出现过。

使用统一星型模型，结果表包含了所有独立信息单元。人们能够找到所有的产品，以及产品的名称和单价，PR04 也能找到，即使它没有销售记录。人们也能够找到所有的销售记录，以及销售记录中关于销售日期、客户端等的详细信息。人们唯一找不到的信息是 PR99 的 ProductName 和 UnitPrice，但是原始数据源中没有提供这部分信息。因此可以准确地讲，这个解决方案没有数据丢失。

但更多的是，使用统一星型模型，人们得到的不仅是"零数据丢失"，还有"零数据冗余"。如图 10-19 所示，一些信息单元会重复出现，但实际上它们仅在磁盘上存储一次。

Stage	KEY_Sales	KEY_Products	SalesID	Date	Client	Product	Quantity	Amount	ProductID	ProductName	UnitPrice
Sales	1	PR01	1	01-Jan	Bill	PR01	1	100	PR01	Hard Disk Drive	100
Sales	2	PR02	2	02-Jan	Bill	PR02	1	70	PR02	Keyboard	70
Sales	3	PR02	3	02-Jan	Francesco	PR02	2	140	PR02	Keyboard	70
Sales	4	PR03	4	03-Jan	Francesco	PR03	1	300	PR03	Tablet	300
Sales	5	PR99	5	04-Jan	Francesco	PR99	3	600			
Products	NULL	PR01							PR01	Hard Disk Drive	100
Products	NULL	PR02							PR02	Keyboard	70
Products	NULL	PR03							PR03	Tablet	300
Products	NULL	PR04							PR04	Laptop	400

图 10-19　一些信息单元会重复出现，但实际上它们仅在磁盘上存储一次

在图 10-19 中看到的重复只会出现在创建 join 时。但应知道统一星型模型不会创建任何 join，它只会在使用数据时准备需要进行连接的表。

举个例子，在统一星型模型的数据集市中，Products 表是一个独立的表。正如通过对图 10-19 说明的那样，"Keyboard" 在磁盘上只会存储一次，而不是 3 次。在传统的数据集市中，"Keyboard" 将会被存储 3 次，因为数据是以去范式化形式存储的，其目的是使最终用户使用方便。统一星型模型通过命名约定、保持数据范式化以及实现零冗余来帮助最终用户。众所周知，未来几年数据量将会持续增长，因此应构建一个商业智能解决方案，以最大程度地减少存储量。

使用统一星型模型，数据存储上的冗余度为零。

节省磁盘空间很好，但是，人们喜欢范式化的主要原因是数据以一种更加合理的方式组织。如果最终用户需要一些产品信息，那么在被称为 Products 的表中找到会更加直观，而不是将其嵌入 Sales 表中。使用范式化，一切都更加合理、直观且整洁。

使用 Tibco Spotfire 实施

这里使用 Tibco Spotfire 进行一次实际的案例操作。本书的案例基于

Spotfire Analystv 7.10.0 实现。不得不说，Tibco 在此版本之后已经有了好几个新的版本：它们是基于云的，并且增加了许多新的功能。但这里选择使用此版本进行测试，是因为它可以无限期试用。另外，也测试了云版本，并且观察到数据的合并方式始终没有任何改变。使用 Spotfire 对统一星型模型创建查询非常容易。当两个表有两列完全相同的名称时，Spotfire 默认会建议通过这两列连接两个表。最终用户需要遵循以下三个基础步骤：

- 先加载 Bridge 表。
- 添加与需求相关的所有表（本例中为 Sales 表和 Products 表）。
- 确保是 left join（默认情况）。

该查询如图 10-20 所示。

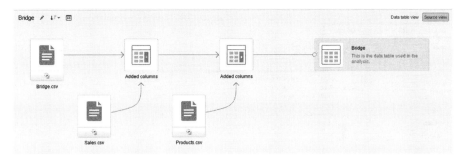

图 10-20　由于采用了统一星型模型的命名约定，Spotfire 会自动识别出用于连接表的列

查询结果如图 10-21 所示。

Stage	_Key_Sales	_Key_Products	SalesID	Date	Client	Product	Quantity	Amount	ProductID	ProductName	UnitPrice
Sales	1	PR01	1	01/01/2019	Bill	PR01	1	100	PR01	Hard Disk Drive	100
Sales	2	PR02	2	02/01/2019	Bill	PR02	1	70	PR02	Keyboard	70
Sales	3	PR02	3	02/01/2019	Francesco	PR02	2	140	PR02	Keyboard	70
Sales	4	PR03	4	03/01/2019	Francesco	PR03	1	300	PR03	Tablet	300
Sales	5	PR99	5	04/01/2019	Francesco	PR99	3	600			
Products		PR01							PR01	Hard Disk Drive	100
Products		PR02							PR02	Keyboard	70
Products		PR03							PR03	Tablet	300
Products		PR04							PR04	Laptop	400

图 10-21　Spotfire 中的查询结果

现在查询已经检索到了需要的数据，最终用户可以直接使用Spotfire进行分析。

从一个查询中可以看到"Sales by Product"，也可以看到"Unsold Products"。

使用传统的维度建模，将需要两个单独的查询。取而代之的是，使用该解决方案将两个答案集成在一个星型模型的查询中，这会让用户体验更加轻松、自然。

图10-22所示是Sales by Product报告，统一星型模型的一次查询可以回答通常需要多次查询的多个问题。

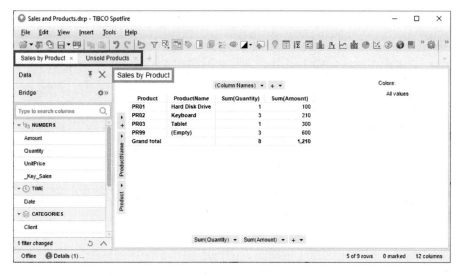

图10-22　Sales by Product报告

图10-23所示是Unsold Products报告，Unsold Products与Sales出现在相同的查询中。

在这个案例中，可以看到最终用户只需要简单的拖放操作就能构建一个仪表盘，并且这个仪表盘能够回答许多通常需要多个SQL查询或者多个

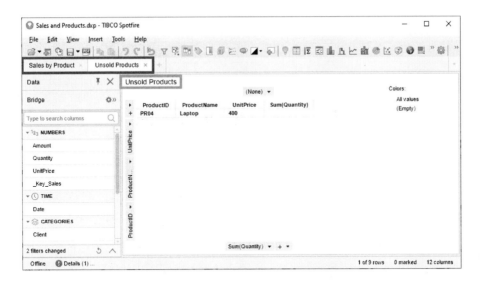

图 10-23　Unsold Products 报告

独立仪表盘才能回答的问题。这是有可能的，因为统一星型模型是一个通用星型模型，所有可用的数据在一个地方。

通过这种方式，最终用户的体验变得更加容易，因为所有答案都能够在一个地方找到。每一个信息单元都在最终用户所期望的位置，并且表之间的连接也非常容易。这种新的方法使每个最终用户变得非常独立。这是我们对于自助商业智能的想法。

统一星型模型引入了一种不同的构建“自助 BI”的方式：不再基于技术，而是基于组织信息的一种方式。

第 11 章 扇 形 陷 阱

在本章中，将介绍面向对象的数据模型约定，并通过一个例子来学习扇形陷阱的危险性。了解另一种表达一对多关系的方式，这种方式让人想起"炸开"的概念。能区分连接和关联，并认识到"内存关联"是解决扇形陷阱的首选解决方案。同时，学习"拆分度量"和"将所有度量移到Bridge 上"的技术。最后，通过一个 JSON 扇形陷阱的实例来学习如何解决它。

扇形陷阱（Fan Trap）是当今绝大多数商业智能项目中都会出现的问题。如果在互联网上查找"扇形陷阱"，就会发现一系列文章给出了定义、解释和大量的例子。但这些文章读起来有些困难，并且在一定程度上存在意见不一致的情况。不过，它们都有一个共同的核心观点：扇形陷阱是多表之间因特定组合而产生重复度量值的现象。本章在给出扇形陷阱的定义之前，先介绍面向数据模型的约定。

面向数据模型的约定

在第 9 章中，把数据库的表看作猎人和猎物的关系。两个表之间的连接总是"定向的"。在大多数情况下，两个表之间的关系是一对多。这意味着两个表可以通过一个表的唯一主键（PK）和另一个表的非唯一外键（FK）连接。

"面向数据模型"（ODM）是一种数据模型的图形化约定，其中具有外键（FK）的表位于图形左侧，具有主键（PK）的表位于右侧，如图 11-1 所示。

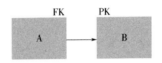

图 11-1　外键（FK）在左侧，主键（PK）在右侧

根据 ODM 约定，箭头的方向总是从左到右的。下面看图 11-2 中的 Sales 表和 Products 表。

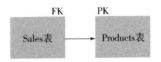

图 11-2　左侧为 Sales 表，右侧为 Products 表

Sales 表和 Products 表通过 ProductID 字段连接起来。它是 Products 表中的主键（PK），Sales 表中的外键（FK）。因此，Sales 表放在左侧，Products 表放在右侧。Sales 表从左到右指向 Products 表。

然而，并非所有的关系都是一对多的。在某些情况下，两个表 A 和 B 具有多对多关系。这意味着不可能找到一个键同时满足在 A 表中是唯一的且在 B 表中存在，反之亦然。多对多的两个表可能有一个或多个公共键，但这些键不会是唯一的，无论在左侧或右侧。在这种情况下，根据 ODM 约定，这两个表不能通过任何直线连接。尽管没有直线连接，但这两个表仍然可以一起比较和计算，并且它们可以合并在最终用户的报告和仪表板中。关于多事实查询的内容，将在第 13 章中解释说明。

两个表之间也存在一对一关系的情况，这意味着公共键在两个表中都是唯一的。在这些情况下，两个表的位置是可以互换的。

ODM 是一种图形化的约定，可以简化人们对复杂数据模型的理解。第 16 章中关于 Northwind 的例子将实际地展示如何使用 ODM 约定。除了简化对数据模型的理解外，ODM 约定还可以简化语言。当说"A 在 B 的左边"时，意思就是 A 有一个外键（FK）指向 B 的主键（PK），这就相当于说 A 是猎人，B 是猎物，A 指向 B。扇形陷阱的定义是基于"左"和"右"这两个词的。

扇形陷阱的定义

扇形陷阱是两个表的特定组合，其中"右侧"表至少包含一个度量。图 11-3 所示为扇形陷阱的模式。

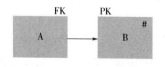

图 11-3   扇形陷阱的模式

图 11-3 中的"#"号表示表 B 至少包含一个度量。

度量包括销售金额、销售数量、发货金额、发货数量和库存数量等。"年"是一个数字，但不是一个度量值。人们永远不会去计算两年的总计或平均值，也不会在图表的 y 轴上将年份作为值显示。基于这个原因，定义为"扇形陷阱"时不考虑年份。

从 A 到 B 的箭头按照约定表示 A 指向 B。这意味着 B 的一行可能被 A 的多行指向。当出现扇形陷阱时，我们称"B 被 A 复制"，或者更形象的说法为"B 被 A 炸开了"。

扇形陷阱的核心原理非常简单：B 中的每行记录都包含一个度量，被 A 炸开。当度量被复制时，总数就会变为不正确。

请注意，对扇形陷阱的定义基于两个表。如果在网上查一下，就会发现有几个定义是基于 3 个表的。本书的定义比较普适。因此，用户很容易在自己的数据中找到一组表，其基于本书定义的扇形陷阱，而不是基于其他定义。

基于 Sales 表和 Shipments 表的示例

下面看一个 Sales 表和 Shipments 表的例子。如图 11-4 所示，Sales 表和 Shipments 表形成扇形陷阱。

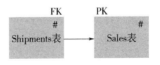

图 11-4　Sales 表和 Shipments 表形成扇形陷阱

Sales 和 Shipments 这两个表都包含度量。Shipments 表包含度量是没有问题的，因为 Shipments 表的左侧没有表。但 Sales 表包含度量就会引发扇形陷阱，因为 Shipments 表在 Sales 表的左侧。

如图 11-5 所示，Sales 表有两个度量。

SalesID	Date	Client	Product	Quantity	Amount
1	01-Jan	Bill	PR01	1	100
2	02-Jan	Bill	PR02	1	70
3	02-Jan	Francesco	PR02	2	140
4	03-Jan	Francesco	PR03	1	300
5	04-Jan	Francesco	PR01	40	4,000
				45	4,610

图 11-5   Sales 表有两个度量，总数为 45 和 4610

Quantity（总数量）为 45，Amount（总额）为 4610。

如图 11-6 所示，Shipments 表有两个度量。

ShipmentID	SalesID	ShipmentDate	ShipmentQuantity	ShipmentAmount
1	1	01-Jan	1	100
2	2	02-Jan	1	70
3	3	02-Jan	2	140
4	4	03-Jan	1	300
5	5	04-Jan	10	1,000
6	5	31-Jan	30	3,000
			45	4,610

图 11-6   Shipments 表有两个度量，总数是 45 和 4610，和 Sales 表一样

Shipment 表中两个度量的总和与 Sales 表中两个度量的总和相同，这是因为所有的订单都顺利完成。但 Sales 表的第 5 行被拆分成两条 Shipments 记录，因为只有一部分订单货物可以立即现货供应，其余的需要在以后发货。

请注意，Sales 和 Shipments 两个表的粒度不一样：Sales 表有 5 行，而 Shipments 表有 6 行。由于这个原因，它们在连接时不能完全对齐。如图 11-7 所示，如果将它们连接在一起，则会产生复制。

Sales 表和 Shipments 表之间的连接产生了重复的度量：40、4000 重复。因此，总数似乎是 85 和 8610，这是不正确的，而且这是个大问题。

如今，重复的问题可通过多种方法得到解决。

Shipment ID	Sales ID	Shipment Date	Shipment Quantity	Shipment Amount	Sales Date	Client	Product	Sales Quantity	Sales Amount
1	1	01-Jan	1	100	01-Jan	Bill	PR01	1	100
2	2	02-Jan	1	70	02-Jan	Bill	PR02	1	70
3	3	02-Jan	2	140	02-Jan	Francesco	PR02	2	140
4	4	03-Jan	1	300	03-Jan	Francesco	PR03	1	300
5	5	04-Jan	10	1,000	04-Jan	Francesco	PR01	40	4,000
6	5	31-Jan	30	3,000	04-Jan	Francesco	PR01	40	4,000
			45	4,610				85	8,610

图 11-7 Sales 表和 Shipments 表形成扇形陷阱, 若将它们连接在一起, 将会产生复制

一种可行的解决方法是让重复发生, 然后尝试借助一些复杂的公式"消除重复"——即席查询。在 Tableau 中, 可以通过使用 LOD (多细节层次) 语法构建计算度量来实现, 但由此产生的公式看起来相当复杂, 难以维护。此外, 总有这样的风险, 即最终用户会意外地创建原始度量的总和, 从而在报告中生成错误的总计。本书绝对不推荐这条路。创建重复再消除重复是没有任何意义的。这就是为什么 Tableau 最近引入了一种完全不同的方法来处理这个问题。

另一个可行的解决方法是通过创建一个聚合查询来避免重复。如果需求是销售数量与发货数量的比较, 则开发人员将把 Shipments 表和 Sales 表聚合到相同的粒度级别。这样一来, Shipments 表和 Sales 表就会完美地结合起来, 而且总数也会是正确的。但是, 一些细节 (如装运日期) 将不再可用。如果需要查看装运日期, 则需要进行新的查询。但这个新的查询反过来不能包含 Sales 表的度量, 原因如前面所说。而且为每个需求单独创建即席查询, 将会导致大量的查询。

如今, 即席查询这种方法运行良好, 但它会导致一个问题: 每个业务需求都成为一个独立的项目, 成本很高。

本书中提出的解决方案是超越即席查询的。需要一个在数据粒度不一

样的情况下也没有任何问题的解决方案，并且能让度量的值永远正确。需要一个易于创建、使用和维护的解决方案。

一对多关系可视化

继续下一步之前，先一起了解如何采用图形符号表示两个表的基数。特别关注一对多关系，因为这是统一星型模型方法的基础。目前，采用"箭头"符号表示两个表之间的连接。图 11-8 所示为另一种非常流行、直观的表示方法，即鸭掌法。

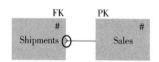

图 11-8　鸭掌法（Crow's Foot）是一对多关系的另一种表示法

之所以被命名为"鸭掌法"，是因为连接符（图 11-8 中小圆中的符号）使人想起鸭掌的形状。

这种表示法以非常直观的方式显示了这两个表之间的关系：一行 Sales 可以匹配多行 Shipments，但是每行 Shipments 总是最多匹配一行 Sales。用这个符号，很清晰地展现"一"在右边，"多"在左边。有些人把这个图形称为"多对一"，依据是"多"的一面在左边。但

图 11-9　弗拉门戈舞者手中的扇子

是连接器的符号让人想到一个"扇子"的形象：不是家里可能有的电风扇，而是一个传统的手摇扇子，就像弗拉门戈舞者的扇子，如图 11-9 所示。

模仿一个扇子提出了"传播"的想法。在扇形陷阱中，一个度量复制多份，如图 11-10 所示。

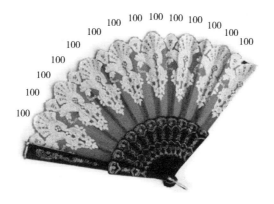

图 11-10 在扇形陷阱中，一个度量复制多份

虽然可以将鸭掌法类比为扇子，但还是更喜欢带箭头的符号。箭头表示"定向连接"的概念，这是 USS 方法的基础。

统一星型模型如何解决扇形陷阱

扇形陷阱无处不在。它们可能是当今商业智能中存在的最大风险。由于对"扇形陷阱"的定义一直过于复杂和具体，因此这种风险一直没有得到正确的认识。然而，如果在数据中寻找本书所定义的扇形陷阱，那么可能会找到很多。

从扇形陷阱中得到错误的合计数是常见的，因为这种风险还不太为人所知。技术似乎不会认为重复的度量是错误的。例如，当在两个表之间创建连接时构成了扇形陷阱，SQL 不会发出任何警告。

扇形陷阱实际上不是特定软件、技术或编程语言的问题，也不是电子表格、SQL 或 BI 工具的问题，甚至不是数据库或操作系统的问题。扇形陷阱只是一个逻辑问题，即某些特定的表不能组合连接在一起。

甚至可以用笔和纸来验证这一点。以本章为例，根据 Sales 表和 Shipments 表，试着画一个它们组合的表。便会发现自己别无选择，只能重复这些度量。

如果想解决扇形陷阱的问题，就必须尝试彻底改变思维方式。必须挑战当今商业智能中最为常见和普遍接受的“最佳实践”——去范式化。去范式化指的是“两个或多个表连接在一起”。数据社区的普遍看法是去范式化是正确的做法，因为合并表可以提高 BI 解决方案的性能。这可能是真的，但在扇形陷阱的情况下，去范式化“扼杀了数字”。

那么，能想象一个没有去范式化的世界吗？能想象一个没有连接的世界吗？是的，可以。可以使用“内存关联”代替连接。

扇形陷阱的问题可以通过遵循统一星型模型的方法和能够支持“内存关联”（或简单的关联）的 BI 工具来解决。关联是一种合并两个表的方法，是在最终用户进行数据可视化的时候创建一个类似连接的操作，实际上是在内存中进行关联。图 11-11 所示为统一星型数据模型。

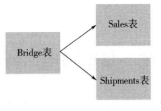

图 11-11　统一星型数据模型

这个模型显示了被线连接的表。这些线和之前在其他图中看到的线是一样的。但是，根据所使用的 BI 工具不同，这些线可以表示连接或关联的含义。在连接的情况下，表在加载到内存之前被合并。在关联的情况下，表将在加载之后合并。后面将通过一个实例来解释这一概念。

大多数人单纯地认为"内存"只是"快速"的同义词。但远不止这些。当使用一个支持关联的 BI 工具时，这些表将以其原始粒度分别加载到内存中，直到在稍后的数据可视化时才合并它们。这意味着 BI 工具总是"知道每个表的原始粒度"。正因为如此，"内存"也是"无重复"的同义词，还是"正确数字"的同义词。

传统的 SQL 查询环境通常不支持关联。如果要在 Sales 表和 Shipments 表之间创建一个标准连接，那么查询的结果将是一个合并表，并且它将作为一个表加载到内存中。如果从 Sales 表查询检索一个度量值，则该度量值将被复制，那么得到的合计值是不正确的。

但是如果使用能够支持关联的工具，那么这两个表将以其原始粒度加载到内存中。接下来，如果最终用户基于一个表的所有数据创建可视化视图，那么 BI 工具将仍显示重复的度量，但是计算的时候是不重复的。

我们将能够亲眼看到这种惊人的行为，这就是内存关联的真正"魔力"。

使用 Microsoft Power BI 实现

下面看看一个支持关联的 BI 工具是如何使用统一的星型模型来解决扇形陷阱的，这里使用 Microsoft Power BI 实现。

首先要查看 Bridge 表。在本例中，Bridge 表有两个 Stage，一部分是 Sales，另一部分是 Shipments；如图 11-12 所示。

Stage	_KEY_Shipments	_KEY_Sales
Sales		1
Sales		2
Sales		3
Sales		4
Sales		5
Shipments	1	1
Shipments	2	2
Shipments	3	3
Shipments	4	4
Shipments	5	5
Shipments	6	5

图 11-12　Bridge 表中有两个 Stage

_KEY_Sales 为 "5" 的记录匹配_KEY_Shipments 为 "5" 和 "6" 的两行记录。这是因为，40 块硬盘的订单被分成两批发货。

现在可以将 3 个表加载到 Power BI 中：Bridge 表、Sales 表和 Shipments 表。图 11-13 所示为 Power BI 的模型部分。Power BI 中的这些线看起来像是连接，但实际上它们是关联。

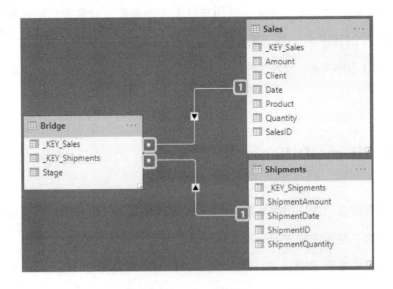

图 11-13　Power BI 的模型部分

　　该模型通过直线展现了表之间的联系。这些直线与在其他 BI 工具中看到的非常相似。然而，非常重要的是要理解这些线不代表连接，它们是关联。可以说，它们表示这些表格"未来将如何合并"。这里所说的"未来"，是指在数据报告中创建特定可视化的时候。

　　需要关注的是，在模型功能中，Power BI 提供了在画布上自由移动表的特性，可以应用 ODM 约定。Bridge 表包含指向 Sales 表的外键，因此，它必须位于 Sales 的左侧。Bridge 表还包含指向 Shipments 表的外键，因此，它也必须位于 Shipments 表的左侧。在 Power BI 中很容易应用 ODM 的这个约定，因为工具会自动将主键标记为"1"，将外键标记为"＊"。因此，在 Power BI 中，ODM 约定可以通过一个简单的规则来实现：带有"＊"的表必须始终位于左边。请注意，一条线的两边不应该同时有"＊"。如果是这样的话，则应该检查一下自己的设计。第 13 章将介绍如何处理多对多的关系。

　　通过查看报表的结果可以看出关联的魔力，如图 11-14 所示。

ShipmentID	SalesID	ShipmentDate	ShipmentQuantity	ShipmentAmount	Date	Client	Product	Amount	Quantity
1	1	01 January 2019	1	100	01 January 2019	Bill	PR01	100	1
2	2	02 January 2019	1	70	02 January 2019	Bill	PR02	70	1
3	3	02 January 2019	2	140	02 January 2019	Francesco	PR02	140	2
4	4	03 January 2019	1	300	03 January 2019	Francesco	PR03	300	1
5	5	04 January 2019	10	1000	04 January 2019	Francesco	PR01	4000	40
6	5	31 January 2019	30	3000	04 January 2019	Francesco	PR01	4000	40
Total			45	4610				4610	45

图 11-14　尽管有扇形陷阱，但 Power BI 显示了正确的总数

　　虽然可以看到数量 4000 和数量 40 重复，但显示的总数是正确的，即 4610 和 45。Power BI 能够显示正确的总数，是因为它们是根据原始表计算的，原始粒度在内存中是可用的。换言之，该工具"在 Sales 表与 Shipments 表合并及给出结果之前，记下了它的情况"。

111

你的 BI 工具支持关联吗

技术在不断发展。支持关联的工具可能会随着时间推移变得有不可信的风险。因此，本章不提供工具列表，而是提供一种查找这些信息的方法。这里需要创建两个表，可以通过 Excel 工作簿创建两个工作表，或者创建两个单独的 .csv 文件，或在任意数据库中创建两个表。如图 11-15 所示 Films 表包含一个度量。

Film	Duration
Film1	100
Film2	100
Film3	100

图 11-15 Films 表包含一个度量

Films 表有 3 行 2 列。"Duration（时长）"列是一个度量，电影总时长为 300min。希望在报告中看到的总数是 300。如图 11-16 所示，Genres 表包含一个指向电影的外键。

Film	Genre
Film1	Comedy
Film2	Drama
Film3	Comedy
Film3	Drama

图 11-16 Genres 表包含一个指向电影的外键

Genres 表有 4 行 2 列。在这个表中，"Film"列是一个外键，指向 Films 表的主键。可以看到"Film3"既是喜剧又是戏剧，在这种情况下，将看到不同的 BI 工具以不同的方式运行。

　　这里要说明的是，正确的建模方式应使用 3 个表：Films 表、Genres 表和 FilmsGenres 表。Films 表是现在该表的样子；Genres 表将会是所有艺术类型的列表，且没有重复，在本例中，应包括两行数据；FilmsGenres 表就是经典的"多对多表"，它只包含两个外键列，指向这 Films 表和 Genres 表。不管怎样，即使将其建模为 3 个表，结果也都是一样的：度量值将被复制。

　　选择用两个表来模拟这个问题，原因有两个。首先，艺术类型没有任何附加属性。喜剧就是喜剧，不需要更多的列来丰富这些信息。其次，且更重要的是，要强调两个表足以形成扇形陷阱。

　　在图 11-17 中，可以注意到 Flims 表和 Genres 表形成了一个扇形陷阱：Films 表包含一个度量，它会被 Genres 表（在左边）炸开。

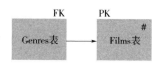

图 11-17　Films 表和 Genres 表形成了一个扇形陷阱

　　现在测试的下一步是将这两个表加载到 BI 工具中，并显示 3 列：Genre、Film 和 Duration。

　　如果显示的总数是 400，则意味着 BI 工具创建了一个连接。

　　如果显示的总数是 300，则意味着 BI 工具创建了一个关联。

现在已经准备好了数据集，可以在各种 BI 工具上执行测试。

　　图 11-18 所示为 Tibco Spotfire 的实现，Spotfire 显示的总数为 400，这

意味着它创建了一个标准连接。这两个表是在加载到内存之前合并的，这就是Spotfire不知道每个表的原始粒度的原因。它将显示的度量值的总数计算为400。

图11-18 Spotfire显示的总数为400，这意味着该工具创建了一个连接

大多数BI工具的结果都是如此，因为它们大多数是基于SQL的。当数据重复时，创建一个额外的步骤去重非常有必要。这可以通过公式中的特定语法来实现。最终，大多数BI工具可以将总数显示为300。但真正重要的是要意识到扇形陷阱所带来的风险。

图11-19所示为Microsoft Power BI的实现，Power BI显示的总数为300，这意味着该工具创建了一个关联。将这两个表作为单独的表加载到内存中，然后仅在可视化时合并它们。

图11-19 Power BI显示的总数为300，这意味着该工具创建了一个关联

该工具知道每个表的原始粒度。即使可视化图表中的该度量值100显

示 4 次，也无所谓。该度量值 100 在内存中只出现 3 次，因此，该工具计算这 3 个度量值的总和并正确显示为 300。

图 11-20 所示为 QlikView 的实现，QlikView 显示的总数为 300，这意味着该工具创建了一个关联。本例还显示了小计。似乎有 200min 的喜剧和 200min 的戏剧，然而总数仍然是 300。

Film Duration		XL
Genre	Film	Duration
Comedy	Film1	100
	Film3	100
	Total	**200**
Drama	Film2	100
	Film3	100
	Total	**200**
Total		**300**

图 11-20　QlikView 显示的总数为 300，这意味着该工具创建了一个关联

有人可能会反对这种可视化，因为它暗示 200 + 200 = 300。这是一个很好的反对意见。然而，许多管理者要求在报告中显示总金额，即使省略它更有意义。不管怎样，观察不同的 BI 工具基于同一份数据得出不同的总计是很有趣的。

很特别的例子是 Tableau。直到 2020.1 版，Tableau 一直在创建一个标准连接：多个表被合并到一个去范式化的表中。然后，从版本 2020.2 开始，该工具引入了一个新特性，称为“新数据模型功能”，将连接改为了关联。

需要注意的是，不同的供应商可能会给同一个特性起不同的名字，Tableau 中的这个新功能被命名为“关系（Relationship）”。但是，由于没有一个行业标准，而且同一个事物有多个名称会使人混淆，所以我们称之

为"关联（Association）"。

图 11-21 所示为 2020.1 版本之前的 Tableau 所有版本的实现。请注意，本章的测试是基于 BI 工具的默认行为。每个 BI 工具都有附加的功能。例如，在 Tableau 中，可以通过"数据融合（Data Blending）"这个特性创建多个查询并合并。但是，这里讨论的是默认行为。

图 11-21　2020.1 版本之前的 Tableau 总数显示为 400，这意味着该工具创建的是一个连接

图 11-22 所示为 2020.2 版本的 Tableau 实现。

图 11-22　2020.2 版本的 Tableau 总数为 300，这意味着该工具现在创建了一个关联

连接和关联的区别似乎目前根本不为人所知。即使在有关数据建模的

文献中，也缺少阐述这些差异的话题。有人可能会发现，一个只有 7 行的数据集在不同的 BI 工具上竟然会产生不同的结果，是很令人遗憾的。

> 今天，每个人似乎都在关注性能、速度和容量。但是，如果在小数据集上都无法意识到这些重要原理，那么如何设计一个好的 BI 解决方案来处理非常大的数据集呢?

再提出一个关于关联的话题。创建连接时，需要确定它是内连接、左连接、右连接还是全连接。但当创建一个关联时，就不需要在这个问题上做任何决定。这个决定是因为需要考虑"在合并结果表中应该保留哪些不匹配的元素"，但关联没有生成合并表，所以无关紧要。

图 11-23 所示为 Tableau 2020. 1 版本之前的数据源编辑器。使用 BI 工具创建连接时，如 Tableau 2020. 1，它会提示最终用户选择连接类型。

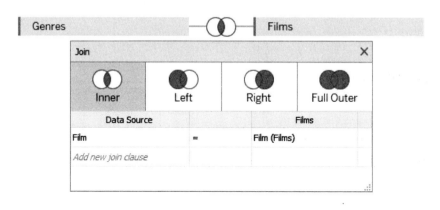

图 11-23　Tableau 2020. 1 版本之前的数据源编辑器

如图 11-23 所示，默认选项是内连接（inner join），但最终用户可以将其更改为左连接（left join）、右连接（right join）或全连接（full outer join）。

图 11-24 所示为 Tableau 2020. 2 版本的数据源编辑器。使用 BI 工具创

建关联时，如 Tableau 2020.2，则不再需要选择连接类型。在这个版本的 Tableau 中，最终用户不需要做出任何内连接、左连接、右连接或全连接的决定。有了关联，这些概念变得没有任何意义了。

图 11-24　Tableau 2020.2 版本的数据源编辑器

一些开发人员说，因为关联检索所有"不匹配的元素"，故它类似于全连接。但是实际上关联比全连接好得多，因为它在最后时刻才合并了表。

可以用简单的一句话来概括关联的好处：内存关联不受扇形陷阱的影响。

拆分度量

当出现扇形陷阱时，使用支持关联的 BI 工具是最佳的解决方案，但有时候这不现实。如果组织中的 BI 工具只提供连接功能，则需要其他的解决方案。

一个合理的解决办法是"拆分度量"。每一个存在被扇形陷阱炸开风险的表都需要分成两个：一张没有度量，另一张有度量。

如图 11-4 所示，Sales 表和 Shipments 表构成了一个扇形陷阱。由于数据库中没有任何"指向" Shipments 的表，所以 Shipments 表不会有炸开的风险。因此该表不需要执行任何操作。

相反，Sales 表面临着被 Shipments 表炸开的风险，因此需要采取行动。

根据采用的这种技术，Sales 表需要分成两个表。这里保留主表的原始名称"Sales"，并创建第二个表，我们称之为"Sales_M"，其中后缀"_M"代表"Measure（s）"。当使用 BI 工具无法创建关联时，需要拆分度量，如图 11-25 所示。

KEY_Sales	SalesID	Date	Client	Product
1	1	01-Jan	Bill	PR01
2	2	02-Jan	Bill	PR02
3	3	02-Jan	Francesco	PR02
4	4	03-Jan	Francesco	PR03
5	5	04-Jan	Francesco	PR01

_KEY_Sales_M	Quantity	Amount
1	1	100
2	1	70
3	2	140
4	1	300
5	40	4,000

图 11-25　当使用 BI 工具无法创建关联时，需要拆分度量

现在，诀窍来了。创建的这两个表必须以两种不同的方式连接。当然，这是由 Bridge 表来处理的，如图 11-26 所示。

Stage	_KEY_Shipments	_KEY_Sales	KEY_Sales_M	KEY_Products
Sales		1	1	PR01
Sales		2	2	PR02
Sales		3	3	PR02
Sales		4	4	PR03
Sales		5	5	PR01
Shipments	1	1		PR01
Shipments	2	2		PR02
Shipments	3	3	EMPTY	PR02
Shipments	4	4		PR03
Shipments	5	5		PR01
Shipments	6	5		PR01

图 11-26　拆分度量情况下的 Bridge 表

Bridge 表 Stage 的 Sales 部分同时指向 Sales 表和 Sales_M 表，这样可以确保所有基于 Sales 表的可视化显示，看起来就像基于唯一没有被拆分的表一样。因为 Sales_M 表的记录行数与 Sales 表相同，因此这里没有炸开的风险。

通过这种方式建立的 Bridge 表，Shipments 表指向的是 Sales 表，但它并不指向 Sales_M 表。这消除了扇形陷阱，因为现在的 Sales_M 表不再会因 Shipments 表而炸开。Sales 表仍将被 Shipments 表炸开，但因为 Sales 表没有度量，所以不存在问题。

这种技术在保持"基于 Sales 属性过滤 Shipments 记录行"的情况下避免了扇形陷阱的风险。例如，可以使用过滤器 SalesID = "5"，该字段是 Sales 表的一个属性。应用这个过滤器，可以将 Bridge 表中的数据过滤为两行（图 11.26 中_KEY_Sales = 5 的最后两行），结果是剩下_KEY_Shipments 为 5 及 6 的两行，此时可以看到 Shipments 表里有两条正确记录。从 Shipments 表到 Sales 表的引用是完整的，并且没有重复的度量。解决方案奏效了。

请注意，在传统的维度建模中，基于另一个事实表的属性过滤和分组事实表通常被认为是"禁止的"。但在统一星型模型方法中，这种操作是允许的。

总而言之，现在可以采取一些行动，可以用 Sales 表来减少 Shipments 表，反之亦然（用 Shipments 表来减少 Sales 表）。可以用 Shipments 表来减少 Products 表，反之亦然。可以利用 Sales 表来减少 Products 表，反之亦然。也可以利用 Sales_M 表来减少 Products 表，反之亦然。但有一个操作我们做不到即"利用 Sales_M 表来减少 Shipments 表，反之亦然"，因为连接已被故意中断。这就是我们在 Bridge 表中看到的标记为"空"的块。Sales_M 表和 Shipments 表现在彼此完全陌生。通过一个表去过滤另一个表，将丢弃另一个事实表的所有行，反之亦然。这是我们有意建立的效果。

请注意，此解决方案解决了扇形陷阱的问题，但它会断开其中的一种连接。因此，建议将此解决方案仅作为"B 计划"。推荐的解决方案是使用支持关联的 BI 工具，因为它没有任何限制。

将所有度量移到 Bridge 表

当内存关联不可用时，还有另一种可行解决方案解决扇形陷阱：将所有度量移到 Bridge 表上。

通常，这些度量最初属于多个表。然而，在创建统一星型模型的阶段，它们都可以被移到 Bridge 表上。每个度量值都必须放置在其来源表对应的 Stage 下：Sales Quantity 和 Sales Amount 将移动到 Sales Stage，而 Shipment Quantity 和 Shipment Amount 将移动到 Shipments Stage。因为 Stage 的行数总是与其原始表的行数相同，这样做不会发生重复。如图 11-27 所示，Bridge 表是唯一包含度量值的表。

Stage	KEY_Shipments	KEY_Sales	KEY_Products	Sales Quantity	Sales Amount	Shipment Quantity	Shipment Amount
Sales		1	PR01	1	100		
Sales		2	PR02	1	70		
Sales		3	PR02	2	140		
Sales		4	PR03	1	300		
Sales		5	PR01	40	4000		
Shipments	1	1	PR01			1	100
Shipments	2	2	PR02			1	70
Shipments	3	3	PR02			2	140
Shipments	4	4	PR03			1	300
Shipments	5	5	PR01			30	3,000
Shipments	6	5	PR01			10	1,000

图 11-27　Bridge 表是唯一包含度量值的表

这个解决方案行之有效，而且它还使统一星型模型兼容一个特殊的 BI

121

工具家族：多维数据立方体。很容易想象，一个多维数据立方体——Bridge 表作为"唯一的事实表"，而所有其他表（包括原始事实表）都被视为维度。

这个解决方案也非常适合使用 Looker 的统一星型模型实现。当以 Bridge 表创建的 Looker 模型作为第一个表时，并且所有度量都在 Bridge 表中时，Looker 将不再需要应用复杂的"扇出公式"。当应用此技术时，Looker 的实现将更加简单。

再次提醒一下：扇形陷阱的理想解决方案永远是内存关联。

JSON 扇形陷阱

当创建商业智能解决方案时，数据源有时可能是 JSON 格式的。经常听到开发人员说这不是问题，因为"JSON 文件可以被扁平化"。但不幸的是，扁平化 JSON 文件与表的去范式化非常相似：有时它会导致一些问题。其中一个问题是"JSON 扇形陷阱"。

将"JSON 扇形陷阱"定义为至少包含一个度量值和一个嵌套数组的 JSON 结构，JSON 扇形陷阱示例如图 11-28 所示。

Duration 是一个度量，而 Genre 是一个嵌套数组。当拉平这个 JSON 文件时，因为这部电影既是 Comedy 又是 Drama，Film3 的 Duration 将出现两次。

"选择模式级别"对话框如图 11-29 所示，显示了 Tableau 如何理解模式。

Tableau 认识到"Genre"是一个嵌套数组，它为最终用户提供了保留或放弃它的选择。当然，这里决定保留它。图 11-30 所示为如何加载数据，表格"数据源"页面的数字 100 重复了 4 次。

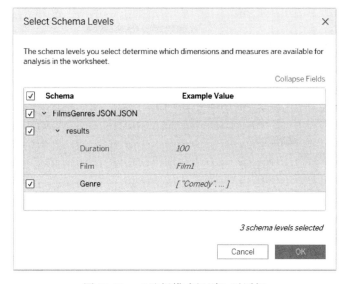

图 11-28　JSON 扇形陷阱示例

```
FilmsGenres JSON.JSON ⊠

1   {
2   "results": [
3       {
4           "Film": "Film1",
5           "Duration": 100,
6           "Genre": [
7               "Comedy"
8           ]
9       },
10          {
11          "Film": "Film2",
12          "Duration": 100,
13          "Genre": [
14              "Drama"
15          ]
16      },
17      {
18          "Film": "Film3",
19          "Duration": 100,
20          "Genre": [
21              "Comedy",
22              "Drama"
23          ]
24      }
25   ]
26  }
```

Select Schema Levels　　　　　　　　　　　　　　　　×

The schema levels you select determine which dimensions and measures are available for analysis in the worksheet.

Collapse Fields

	Schema	Example Value
☑	**Schema**	**Example Value**
☑	˅ FilmsGenres JSON.JSON	
☑	˅ results	
	Duration	*100*
	Film	*Film1*
☑	Genre	*["Comedy", ...]*

3 schema levels selected

Cancel　　OK

图 11-29　"选择模式级别"对话框

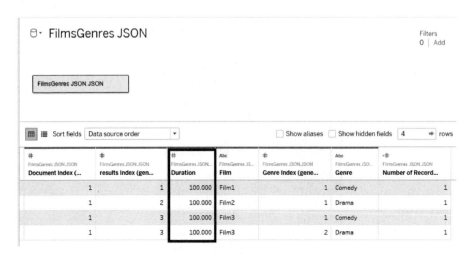

图 11-30　如何加载数据

　　然而，幸运的是，Tableau 使用基于 LOD 语法的特殊自动公式来处理这种重复。这个公式调整了总数，如图 11-31 所示。

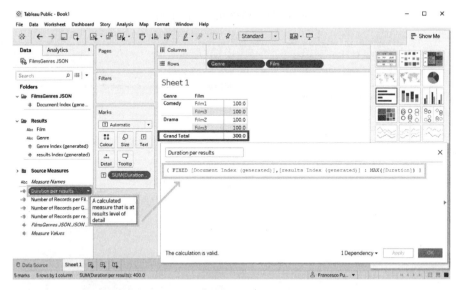

图 11-31　Tableau 工作表显示了正确的总数

　　尽管加载了重复的数字，但是 Tableau 仍然记录了该结构在被扇形陷阱"夷为平地"前的情况。因此，它显示的总数为 300，这是预期的结果。

如果不使用支持处理 JSON 扇形陷阱的 BI 工具，那么情况就大不相同了。例如，如果拉平操作由编程语言执行并保存到 CSV 文件中，那么每个 BI 工具（包括 Tableau）都将默认显示总数为 400。

在这种情况下，建议是避免拉平操作。相反，每个嵌套数组都需要转换成一个单独的关系表。这样做，将发现自己回到了本书描述的经典关系场景中。从这时开始，按照指导，将会得到正确的结果。

第 12 章　Chasm 陷阱

本章首先介绍了笛卡儿乘积的概念；然后通过基于 LinkedIn 的实例阐述了 Chasm 陷阱如何产生不必要的重复记录；接下来介绍了 Chasm 陷阱如何实现介于线性增长和平方增长之间的行记录增长率，介绍了 Chasm 陷阱行计数的方法，这有助于精确计算结果表中的行数；之后说明了 Bridge 是一个联合运算，它不会产生任何重复记录；最后讲述了一个 JSON Chasm 陷阱的实例，并展示了它的修复过程。

和扇形陷阱一样，Chasm 陷阱也是如今绝大多数商业智能项目中都会出现的普遍性问题。这两种陷阱都有一个共同的表象：当某些特定的表关联在一起时，会产生不必要的重复记录。

当将多个表进行连接组合以形成 Chasm 陷阱时，发现会不可避免地造成结果行数的大量增加，这意味着很可能会遇到性能瓶颈问题，尽管信息量没有任何增加，但数据量已经远超原始表中的大小。此外，还有一个更致命的后果：当涉及度量时，这些度量也会被重复计数。因此，总数也将是错误的，在扇形陷阱中也有类似的问题，这些都是必须要避免的。

为了全面理解 Chasm 陷阱，需要记住 ODM 约定，并且还需要熟悉笛卡儿乘积。

笛卡儿乘积

笛卡儿乘积是一种表生成操作，该表包含来自两个或多个源表所有可能的行记录组合。在极少数情况下，笛卡儿乘积会是一种有意义的操作，会产生合理的结果。但在绝大多数情况下，这种操作都是无意义的，笛卡儿乘积会在无意间"爆炸式"地产生大量的、非必要的结果行记录。

下面来看一个有意义的笛卡儿乘积产生合理结果的实例。假设需要举办一个持续 8 周的夏季活动，制订一个日常活动计划，那么可以手动列出日期计划表，也可以在 Weeks 表和 WeekDays 表之间创建笛卡儿乘积。图 12-1 所示为这两个表。

Weeks表:

Week
Week1
Week2
Week3
Week4
Week5
Week6
Week7
Week8

WeekDays表:

WeekDay
Monday
Tuesday
Wednesday
Thursday
Friday
Saturday
Sunday

图 12-1　Weeks 表和 WeekDays 表

Weeks 表有 1 列（Week）8 行记录，WeekDays 表有 1 列（WeekDay）7 行记录。

由于两个表之间没有公共键，所以不能以标准连接的方式进行合并，但是可以通过创建交叉连接（CROSS JOIN）的方式产生一个笛卡儿乘积。交叉连接的 SQL 语法非常简单：SELECT * FROM Weeks CROSSJOIN

WeekDays。

结果表将有 56 行（8×7），部分内容如图 12-2 所示。

周	周日
Week	**WeekDay**
Week1	Monday
Week1	Tuesday
Week1	Wednesday
Week1	Thursday
Week1	Friday
Week1	Saturday
Week1	Sunday
Week2	Monday
Week2	Tuesday
Week2	Wednesday
...	...
...	...

图 12-2　结果表部分内容

笛卡儿乘积创建了两个源表之间所有 56 个可能的组合，其中每行记录代表一天的活动。因为每一种组合都是实际存在的，是有实际意义的。

然而不幸的是，在大多数情况下笛卡儿乘积是一种无意识的操作，它产生的结果完全没有意义，因为它通常会是互不相关事物之间的混合，比如苹果和梨。

说到苹果和梨，就以它们举个例子。

图 12-3 包含两个表，分别代表苹果和梨最常见的品种。两个表都分别只有 1 列 4 行。

Apples（苹果）表:

Apple
Cortland
Fuji
Honey crisp
McIntosh

Pears（梨）表:

Pear
Anjou
Bartlett
Comice
Forelle

图 12-3　Apples 表和 Pears 表

可以使用和之前一样的 SQL 语法：SELECT ＊ FROM Apples CROSS JOIN Pears。

结果生成的表将有 16 行（4×4）记录，部分内容如图 12-4 所示。

Apple	Pear
Cortland	Anjou
Fuji	Anjou
Honey crisp	Anjou
McIntosh	Anjou
Cortland	Bartlett
Fuji	Bartlett
...	...
...	...

图 12-4　笛卡儿乘积创建了 16 行记录的部分内容

这个笛卡儿乘积在两个源表之间创建了所有 16 种可能的组合，但这些组合并不存在实际意义。即使想把苹果和梨混在一起，也总共只有 4 ＋ 4 种不同的水果组合。然而笛卡儿乘积创造了 4 × 4 种不同的组合，因此这些组合毫无实际意义。

如果两张表分别有 n 和 m 行记录，那么它们进行笛卡儿乘积后得到的行数记录总和为 $n \times m$。可以说，两个表进行笛卡儿乘积会产生"平方增长"。当然这并不是一种好的现象，因为这会造成冗余数据的爆炸式增长。下面来看看这种增长对商业智能项目的可伸缩性会如何产生影响。

假设有一家初创公司。第一年，公司的数据库很小，公司决策者决定构建一个 BI 解决方案，其中碰巧包含了一个笛卡儿乘积。因为最初的数据量不是太大，一切都看起来很好。但是如果第二年的数据量增长了 3 倍，那么 BI 解决方案数据量将会是原来的 9 倍；如果下一年数据量增长到 10 倍，那么 BI 解决方案的数据量将会是原来的 100 倍。这就是平方增长的实际含义。这显然是不合理的，因为 BI 解决方案数据量大小的增加没有和实际信息量的增加相匹配。

人们可以尝试花很多钱来加强主机和计算能力，但这并不是一个好主意。推荐采取的措施是设计更好的 BI 解决方案，使其具有线性增长的特性。在线性增长特性的加持下，当数据量增长 10 倍时，BI 解决方案数据量也将增长 10 倍，而不是 100 倍。

实际情况是，没人会真正创建一种呈平方增长的 BI 解决方案的，选择这个例子只是为了向读者展示最极端的情况。然而，比原始数据源大得多的 BI 解决方案是很常见的，造成这种现象的一个可能原因就是"Chasm 陷阱"。

Chasm 陷阱的定义

"Chasm 陷阱"是一种特定的表关联组合，其中表 X 可以被分解成两个或多个表。如图 12-5 所示，一个 Chasm 陷阱至少包含 3 个表。根据 ODM 约定，给"右边"的表命名为"X"（这个名字有助于讲解），它表示由多个表指向的表。

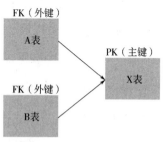

图 12-5　Chasm 陷阱的模式

数据库中的任何一个表都有可能是 Chasm 陷阱中的表"X"。甚至，本例中的表 A（或表 B）也可以是另一个 Chasm 陷阱中的表"X"。这将形成一系列的 Chasm 陷阱，甚至是一棵 Chasm 陷阱树。当然，这会导致数据爆炸式地增长。

在基本定义中，X 的左边只有两个表 A 和 B，但是一般来说，在左边可以有更多的表，如 A、B、C、D、E 等。为了便于理解，将关注最简单的情况：一个由 A、B 和 X 这 3 个表构成的 Chasm 陷阱。可以看到，X 的一行可以匹配 A 的多行，同时也可以匹配 B 的多行，称之为"X 同时被分解成 A 和 B"。

Chasm 陷阱的核心机制是两种分解相互"冲突"。表 X 并不是唯一被分解的表，实际上 A 被 B 分解，B 被 A 分解。这种情况产生了多种组合情况，而这些组合与"无意识笛卡儿乘积"非常相似。

请注意，在这个定义中没有提到表记录中的度量数。即使不涉及度量数，Chasm 陷阱也已经是一个突出问题；如果涉及度量数，那么问题将会变得更加严重，这个问题将在本章后面部分讨论。

基于 LinkedIn 的示例

通过 LinkedIn 的例子来理解 Chasm 陷阱，这个示例不包含度量数。众所周知，LinkedIn 中的每个注册用户都可以创建一个自己的技能列表和口语列表。图 12-6 所示为 UserSkills 表和 UserLanguages 表。

UserSkills表	
User	**Skill**
User1	SQL
User1	JavaScript
User1	Python
User2	SQL
User3	SQL
User3	Python
User3	PHP

UserLanguages表	
User	**Language**
User1	English
User2	English
User2	French
User2	Spanish
User2	Chinese
User3	English
User3	German

图 12-6　UserSkills 表和 UserLanguages 表

对于这两个表，User1 掌握了 SQL、JavaScript 和 Python，但是只会说英语。User2 只懂 SQL，但是会说 4 种语言。User3 拥有多种技能并且会说多种语言。可以想象，User3 将成为最有趣的例子。

表 UserSkills 和表 UserLanguages 都包含 User 列，该列可以作为指向 Users 表 PK 的 FK。图 12-7 所示为这 3 个 LinkedIn 表构成了一个 Chasm 陷阱。

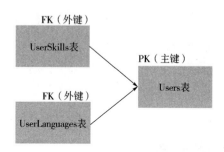

图 12-7　这 3 个 LinkedIn 表构成了一个 Chasm 陷阱

请注意，正确的建模方法是使用 5 个表：Users、Skills、Languages、UserSkills 和 UserLanguages。表 Users 是当前所有用户的列表，表 Skills 是当前所拥有技能的列表，表 Languages 是当前所有口语的列表，这 3 个表都没有重复记录。表 UserSkills 和表 UserLanguages 则是经典的 "m - m

表", 它们都只包含两个 FK 列。

选择用 3 个表进行模拟的原因有两个。首先, 表 Skills 和表 Languages 没有任何附加属性, 就像知道法语一样知道 JavaScript 是什么意思, 并且在 LinkedIn 中这两个表也没有其他属性。其次, 更重要的是想要强调 3 个表足以形成一个 Chasm 陷阱。

现在继续讨论基于 3 个表的 Chasm 陷阱。如果创建一个包含 Users、UserSkills 和 UserLanguages 之间的表连接, 那么会发生什么现象呢? 结果如图 12-8 所示。

User	Skill	Language
User1	SQL	English
User1	JavaScript	English
User1	Python	English
User2	SQL	English
User2	SQL	French
User2	SQL	Spanish
User2	SQL	Chinese
User3	SQL	English
User3	Python	English
User3	PHP	English
User3	SQL	German
User3	Python	German
User3	PHP	German

图 12-8　关联表产生了 Chasm 陷阱, 出现了数据冗余

这种表连接会产生冗余, 尤其是在 LinkedIn 用户拥有多种技能和多种语言能力的情况下。

仔细观察一下结果, 对于 User1, English 分别对应 3 种技能; 对于 User2, SQL 分别对应 4 种语言能力; 对于 User3, 3 种技能和两种语言能力彼此相互对应。对于 User3, 产生了一个 "无意义笛卡儿乘积", 这类似于本章前面示例中的苹果和梨。3 种技能和两种语言能力关联之后, 产生了 6 种组合 (3 × 2 = 6), 这 6 种组合就像示例中的苹果和梨一样一点实际含

义都没有。

幸运的是，这项查询的增长量比平方增长量要小。两个源表各有 7 行记录，但结果表却没有 49 行记录，只有 13 行记录。那么这几行记录是从哪里来的？又为什么是 13 行记录呢？

Chasm 陷阱行数计算方法

有一个简单的方法可以帮助人们预测 Chasm 陷阱将生成的确切行数，称之为 "Chasm 陷阱行数计算方法"。

为什么需要做预测？因为想预先知道解决方案是否有效。如果在没有预测它将产生多少行的情况下制造出一个 Chasm 陷阱，就好比一个工程师在没有计算建筑物稳定性的情况下建造了一座塔。虽然 BI 项目中糟糕的性能表现没有像倒塌的塔那么悲惨，但是如果提前做预测，并发现解决方案将产生 1 万亿行记录，那么将不得不停止并以不同的方式重新考虑我们的项目。预先计算行数可以帮助我们节省时间和金钱。

对于表 X 的每个 ID，都必须计算表 A 和表 B 的行数。以 LinkedIn 为例，对于每个注册用户，我们必须计算出其所具备的技能和语言的数量，如图 12-9 所示。

User	CountSkills	CountLang	Multipl
User1	3	1	3
User2	1	4	4
User3	3	2	6
			13

图 12-9　Chasm 陷阱行数计算方法

准备好这两列（这里为 CountSkills 和 CountLang）之后，将逐行进行乘法运算。可以看到，对于 User3，有 3 × 2 = 6，底部的总数就是要查找的数字，在本例中，总数是 13。

这里还有一个额外的小技巧。如果 LinkedIn 用户没有掌握任何一种技能或语言，则计数为 0。但是这个 0 需要被替换为 1，因为无论如何都将生成一个具有空值的行。

Chasm 陷阱的行数取决于具体的数据，让我们看看最坏的情况和最好的情况。为了更好地理解，确保表 A 和表 B 与上一个示例的行数一致，始终有 7 行记录。

最坏的情况是 A 和 B 在 X 表中只有一行。以 LinkedIn 为例，最坏的情况是只有一个注册用户，他同时具备 7 种技能和 7 种语言能力，如图 12-10所示。

User	CountSkills	CountLang	Multipl
User1	7	7	49
			49

图 12-10　最坏情况下的 Chasm 陷阱行数计算

表连接的结果将产生 49 行记录，这相当于一个完整的笛卡儿乘积，它是平方增长的，这是生成最多行数的最坏场景。

最好的情况是 A 和 B 的行分布在 X 的多个 ID 上。以 LinkedIn 为例，最好的情况是有 7 个注册用户，他们最多拥有一种技能，最多只会说一种语言，如图 12-11 所示。

表连接的结果是 7 行记录，这与源表中的行数相同。所以在最好的情况下是呈"线性增长"的。

User	CountSkills	CountLang	Multipl
User1	1	1	1
User2	1	1	1
User3	1	1	1
User4	1	1	1
User5	1	1	1
User6	1	1	1
User7	1	1	1
			7

图 12-11　最好情况下的 Chasm 陷阱行数计算

可以画出最好情况下的表连接结果，7 个 LinkedIn 用户的数据随机分布，他们都只拥有单技能和单一语言能力，这样查询的结果只有 7 行记录，如图 12-12 所示。

User	Skill	Language
User1	SQL	English
User2	JavaScript	French
User3	Python	Spanish
User4	SQL	Chinese
User5	SQL	German
User6	SQL	English
User7	PHP	English

图 12-12　最好的情况下的表连接结果

当然，最好的和最坏的这两种情况都不太可能发生，这仅仅是根据数据源中的数值去分析结果连接表的上限记录数和下限记录数的一种抽象化方法。很明显，最有可能的情况介于这两种极端情况之间。

现在进行概括和简化处理，假设表 A 和表 B 具有相同的行数，并将行数称为 "x"（在 LinkedIn 示例中，"x" 的值为 7）。称 "y" 为查询结果的行数（在 LinkedIn 示例中，"y" 的值是 13，通常情况下，它可能是介于 7 ~49 之间的任何数字，具体取决于数据源中的数值）。现在可以画出 x 和

y，并观察其增长趋势。

Chasm 陷阱的行数介于线性增长和平方增长之间。总的来说，Chasm 陷阱具有"半平方型"增长特性，如图 12-13 所示，它的形状看起来类似于凯尔特竖琴。

Chasm 陷阱具有"半平方型"增长特性。

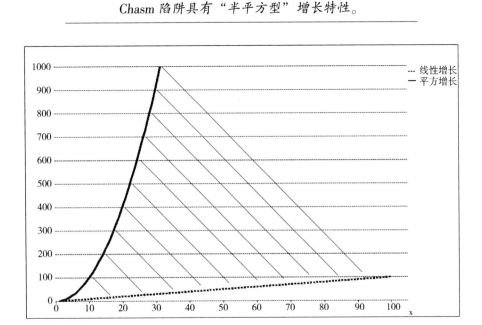

图 12-13　形状类似于凯尔特竖琴

图 12-13 所示为线性增长与平方增长的两种极端情况，从图中可以清晰地观察到两种情况反映在坐标轴的比例不相同。"半平方型"增长介于这两种极端情况之间，具体增长趋势取决于数据源中的数值。"半平方型"增长趋势肯定比"平方型"增长趋势好，但仍不是理想的情况，最理想的增长趋势应该是呈线性的。

在本章后面将看到，统一星型模型方法总是呈线性增长的。

有度量的 Chasm 陷阱

现在知道,当多种一对多的关系关联时会产生大量的重复行记录,而这些行没有产生任何额外有价值的信息,这就是 Chasm 陷阱。

在上一章中,介绍了扇形陷阱,展示了一组正常的一对多关系可能会导致度量数激增,从而产生不正确的总记录数。这里将介绍这两个问题的结合,称之为"有度量值的 Chasm 陷阱"。"有度量值的 Chasm 陷阱"是指构成 Chasm 陷阱的左侧表中至少有一个表包含度量值,如图 12-14 所示。

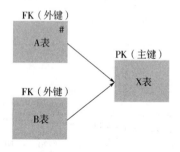

图 12-14 有度量值的 Chasm 陷阱意味着左侧表中至少有一个表包含度量值

表 A 中现在有一个小符号"#",表示它至少包含一个度量值。该度量值在表 A 本身的粒度范围内是正确的,当 A 表与 X 表连接时也是正确的,因为 X 表不会导致 A 表的任何一行记录呈现爆炸式增长。但不幸的是,当 B 表被添加到查询中时,A 表的一些行记录将被 B 表激增,导致度量值重复计数,从而产生了错误的总记录数。这里以 LinkedIn 为例,在表 UserSkills 中添加一列 Rating,表示注册用户给自己设置的技能等级(从 1 ~ 5),如图 12-15 所示。

User	Skill	Rating
User1	SQL	3
User2	JavaScript	4
User2	Python	5
User2	SQL	5
User3	SQL	4
User3	Python	5
User3	PHP	5

图 12-15　在表 UserSkills 中添加 Rating 列

从表中可以看到，3 个 LinkedIn 用户的 SQL 技能等级分别是 3、5 和 4。因此，如果这 3 个人属于一个团队，那么团队领导者可以说"团队中 SQL 的平均等级是 4.00"。现在将表 B 添加到查询中，所得结果如图 12-16 所示。

User	Skill	Rating	Language
User1	SQL	3 ✓	English
User1	JavaScript	4	English
User1	Python	5	English
User2	SQL	5 ✓	English
User2	SQL	5 ✗	French
User2	SQL	5 ✗	Spanish
User2	SQL	5 ✗	Chinese
User3	SQL	4 ✓	English
User3	Python	5	English
User3	PHP	5	English
User3	SQL	4 ✗	German
User3	Python	5	German
User3	PHP	5	German

图 12-16　将表 B 添加到查询中所得的结果

添加表 B 后，可以看到查询结果中出现了重复项。例如，对于 User2，可以看到等级"5"出现了 4 次而不是一次，有 3 个不需要的重复项。这是因为 LinkedIn 用户会说 4 种语言。同样对于 User3，可以看到等级"4"出现了两次而不是一次，这是因为 LinkedIn 用户会说两种语言。显然，语言能力不应该影响技能的评分。但不幸的是，这种情况确实出现了。如果试图计算团队中 SQL 的平均等级，那么现在的值将变为 4.429，而不是 4.00。新产生的度量值 4.429 是不正确的，这是因为存在了 Chasm 陷阱。

这个问题可以通过使用另外一个公式来解决，这个公式比简单的平均数计算要复杂得多。但是这样处理也有一些缺点；首先，新公式并不容易被创建和维护；其次，当业务需求比简单的平均数计算稍微复杂一点时，公式的复杂性可能会变得非常难以处理。

虽然在 Chasm 陷阱中不能正确度量的现象相当常见，但在大多数情况下，没有人会意识到这一点。这是由几个原因造成的。首先，目前并没有太多的文献对有度量的 Chasm 陷阱进行讨论。然后，它与 BI 解决方案的测试过程有关：通常情况下测试是"按样本"进行的，换而言之，测试人员只是在抽检一些样本的度量；如果被抽检的度量是正常的，那么通常情况下将假设所有其他度量也都是正常的。这显然不是一种可靠的测试方法。

相对于"按样本"进行测试，推荐的方法是根据 ODM 的约定绘制一个模式来检测 Chasm 陷阱。如果发现查询将会产生有度量的 Chasm 陷阱，则总记录数很有可能不正确，这样就可以轻松地搜索和检测出现重复行记录计数的情况。在这个示例中，每个具备多种语言技能（比如 User2 和 User3）的 LinkedIn 用户都不可避免地会出现与技能相关的重复度量。

即使不经过传统测试过程，也可以事先发现错误，只要我们将用户列表和图 12-9 中看到的"CountLang"列画出来就可以了。将列 CountLang 进行降序排列，所有 CountLang > 1 的案例都不可避免地会产生重复的等级值，这种方法是非常精确的，能够 100% 地发现所有错误度量的行记录。

传统的抽样测试方法就像大海捞针，如果错误只是少数，那么它们将难以被发现。相反，USS 的方法在测试过程中引入了一种"磁铁"：磁铁

140

会吸引针，即使只有百万分之一的错误，也可以马上发现它。

许多人说商业智能中的数字并不总是完美的，这听上去很奇怪。但在数据科学中，这可能是真的，尤其是当试图借助复杂的数学算法来预测未来时。但在传统的商业智能中，通常会做一些简单的事情，比如试图借助小学时学过的四则运算来"预测过去"。这里出现错误是不能被接受的，因为数字是确定的，不是被估计的。生成的数字必须精确到小数点的最后一位。

现在，假设这些带有度量的数据不是使用在公司报告中，而是使用在机器学习预测算法的训练集中。它被用来处理水坝中的水流，模拟气候变化，甚至登陆火星。提供给这个算法的训练集，必须是准确的数字。如果使用一个精确的训练数据集，那么模型的预测能力也会提高。

为了获得100%准确的数据集，可按照 USS 方法检测并防止度量的重复计数。

USS 如何解决 Chasm 陷阱

使用统一星型模型，Chasm 陷阱的问题很容易解决，更准确地说，这个问题甚至不存在。

统一星型模型是基于 Bridge 表的，而 Bridge 是基于联合（Union）产生的。当最终用户关联 Bridge 表和其他各种表时，连接的结果总是会进行组的联合，而值得重点注意的是联合结果是不可能出现重复行的。

联合不可能出现重复行。

产生 Chasm 陷阱的表 A 和表 B 首先分为两个独立的组，然后进行联合。来自表 A 的值将列在表 B 的值下面，并且不会有重复项（如图 12-22 所示）。现在，我们来一步一步地构建解决方案。

首先，需要画出 LinkedIn 示例中的所有表。在表中，根据统一星型模型的命名约定添加附加键列。

有一个新的列为"_KEY_UserSkills"，该表本身没有任何唯一标识符，所以为其添加了一个代理键。图 12-17 是添加代理键后的 UserSkills 表。为了便于阅读，该代理键将被设置为文本类型，另外 Rating 列已改名为 Skill-Rating。

_KEY_UserSkills	User	Skill	SkillRating
US1	User1	SQL	3
US2	User1	JavaScript	4
US3	User1	Python	5
US4	User2	SQL	5
US5	User3	SQL	4
US6	User3	Python	5
US7	User3	PHP	5

图 12-17　添加代理键后的 UserSkills 表

有一个新的列为"_KEY_UserLanguages"，为了完整起见，在这里增加了一个等级列 LangRating，以确保_KEY_UserLanguages 和 LangRating 等级列的名称不易混淆且易于理解。图 12-18 是经过处理后的 UserLanguages 表。

_KEY_UserLanguages	User	Language	LangRating
UL1	User1	English	5
UL2	User2	English	4
UL3	User2	French	3
UL4	User2	Spanish	5
UL5	User2	Chinese	2
UL6	User3	English	5
UL7	User3	German	2

图 12-18　添加代理键和额外度量列后的 UserLanguages 表

表 Users 有一个名为 User 的唯一标识
符，_KEY_Users 只是复制了这个列。图
12-19 是经过处理后的 Users 表。请注意，
在表中还有"User4"，这个用户在其他两
个表中并未出现。

_KEY_Users	User	User Name
User1	User1	User Name 1
User2	User2	User Name 2
User3	User3	User Name 3
User4	User4	User Name 4

图 12-19　Users 表

现在，画出 Bridge 表，UserSkills 表和 UserLanguages 表不互相指向，
如图 12-20 所示。

Stage	_KEY_UserSkills	_KEY_UserLanguages	_KEY_Users
UserSkills	US1		User1
UserSkills	US2		User1
UserSkills	US3		User1
UserSkills	US4	EMPTY（空）	User2
UserSkills	US5		User3
UserSkills	US6		User3
UserSkills	US7		User3
UserLanguages		UL1	User1
UserLanguages		UL2	User2
UserLanguages		UL3	User2
UserLanguages	EMPTY（空）	UL4	User2
UserLanguages		UL5	User2
UserLanguages		UL6	User3
UserLanguages		UL7	User3
Users			User1
Users			User2
Users			User3
Users			User4

图 12-20　Bridge 表

标记为"空"的两个块表示，UserSkillsStage 没有指向 UserLanguages，
UserLanguagesStage 也没有指向 UserSkills，它们都指向用户。

请注意，UsersStage 只指向它自己，正如之前所看到的，它的功能是
创建完整的外部连接效果。在本例中，这样保证了 User4 即使没有关联的
技能和语言能力，在最终的仪表盘中也是可用的。

图 12-21 所示为 USS 对 Chasm 陷阱的解决方案。毫不意外的是，可以

看到所有的表都是通过 Bridge 表连接起来的。正如之前看到的，在 USS 方法中，两个表之间的连接总是定向的。同时，也看到 FK 总是在 Bridge 表这一边，而 PK 总是在其他表的一边。因此，如果遵循 ODM 约定，那么 Bridge 表总是在左边，而其他所有的表总是在右边。

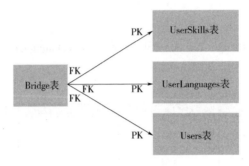

图 12-21　USS 对 Chasm 陷阱的解决方案

统一星型模型的解决方案都是类似的：Bridge 表指向所有其他表。

图 12-22 所示为连接的结果。

Stage	_KEY_UserSkills	_KEY_UserLanguages	_KEY_Users	Skill	Skill Rating	Language	Lang Rating	User Name
UserSkills	US1		User1	SQL	3			User Name 1
UserSkills	US2		User1	JavaScript	4			User Name 1
UserSkills	US3		User1	Python	5			User Name 1
UserSkills	US4		User2	SQL	5			User Name 2
UserSkills	US5		User3	SQL	4			User Name 3
UserSkills	US6		User3	Python	5			User Name 3
UserSkills	US7		User3	PHP	5			User Name 3
UserLanguages		UL1	User1			English	5	User Name 1
UserLanguages		UL2	User2			English	4	User Name 2
UserLanguages		UL3	User2			French	3	User Name 2
UserLanguages		UL4	User2			Spanish	5	User Name 2
UserLanguages		UL5	User2			Chinese	2	User Name 2
UserLanguages		UL6	User3			English	5	User Name 3
UserLanguages		UL7	User3			German	2	User Name 3
Users			User1					User Name 1
Users			User2					User Name 2
Users			User3					User Name 3
Users			User4					User Name 4

（图中标注：无重复）

图 12-22　使用统一星型模型连接的结果，不再有重复度量值

如图 12-22 所示，"Skill Rating" 和 "Lang Rating" 列不再相互干扰。当最终用户通过 BI 工具拖放这些列时，将不会有出现任何重复项的风险，

并且度量值的总和始终是正确的。

Tableau 应用

用 Tableau 来做一个实际的应用。首先按照传统方法以原始格式加载表，然后基于统一星型模型方法加载表。图 12-23 所示为原始格式的 3 个表。

User	User Name	User	Skill	SkillRating	User	Language	LangRating
User1	User Name 1	User1	SQL	3	User1	English	5
User2	User Name 2	User1	JavaScript	4	User2	English	4
User3	User Name 3	User1	Python	5	User2	French	3
User4	User Name 4	User2	SQL	5	User2	Spanish	5
		User3	SQL	4	User2	Chinese	2
		User3	Python	5	User3	English	5
		User3	PHP	5	User3	German	2

图 12-23　原始格式的 3 个表

从图 12-23 中可以看到 SQL 技能的等级为 3、5 和 4，因此 SQL 技能的正确平均值是 4.00，这是希望在 Tableau 中看到的结果。图 12-24 所示为基于经典方法的 Tableau 结果报告。

在 SQL 技能上添加了一个过滤筛选功能，Tableau 显示 SQL 的总平均值为 4.00，尽管存在重复，但其结果是正确的。这可能是因为 Tableau 能够在内存中进行关联。而其他不具备此功能的 BI 工具的总平均值应为 4.429，也就是图中出现的数字的实际平均值，即 3、5、5、5、5、4 和 4 的平均值。

Tableau 能够显示正确的总数，看上去似乎没有问题，但实际上仍然存在一个问题：展示的内容看起来有些不一致。

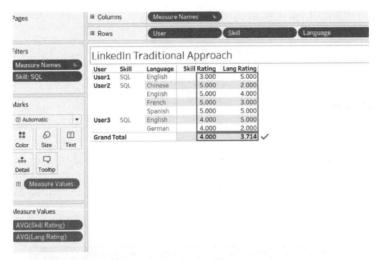

图 12-24　基于传统方法的结果是正确的，但看起来有点不连贯

如果去掉过滤器，人们就更难意识到总平均值与上面显示的数字不一致，如图 12-25 所示。

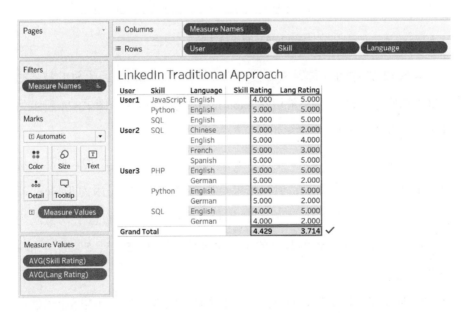

图 12-25　如果去掉过滤器，就会更难意识到总数与上面显示的数字不一致

如果忽略它们，那么显示重复项又有什么意义呢？最好是避免出现这些重复项，这就是统一星型模型的独特之处。

图 12-26 所示为基于 USS 方法的 Tableau 中的 LinkedIn 数据模型。

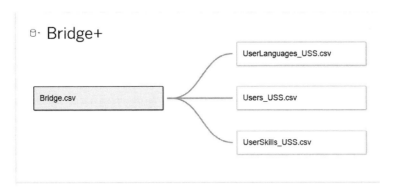

图 12-26　基于 USS 方法的 Tableau 中的 LinkedIn 数据模型

基于 USS 方法的解决方案看起来总是一样的。

使用统一的星型模型，现在已经消除了重复项。图 12-27 所示为使用 USS 方法时，最终结果与显示的数字一致。

LinkedIn USS Approach

Stage	User	Skill	Language	Skill Rating	Lang Rating
UserLanguages	User1	Null	English		5.000
	User2	Null	Chinese		2.000
			English		4.000
			French		3.000
			Spanish		5.000
	User3	Null	English		5.000
			German		2.000
UserSkills	User1	JavaScript	Null	4.000	
		Python	Null	5.000	
		SQL	Null	3.000	
	User2	SQL	Null	5.000	
	User3	PHP	Null	5.000	
		Python	Null	5.000	
		SQL	Null	4.000	
Grand Total				4.429	3.714

图 12-27　使用 USS 方法时，最终结果与显示的数字一致

147

使用计算器很容易验证最终结果与显示的数字是否保持一致：31/7 ≈ 4.429 和 26/7 ≈ 3.714。

因为统一星型模型是基于联合运算产生的，而合并不可能出现重复行，所以不会产生重复项，从而导致最终的报告看起来上下保持完全一致。

基于多表的 Chasm 陷阱

到目前为止，只讨论了左边有两个表（A 表和 B 表）的 Chasm 陷阱。为了全面了解 Chasm 陷阱及其增长情况，下面简单地讨论 3 个表（A 表、B 表和 C 表）的情况，如图 12-28 所示。

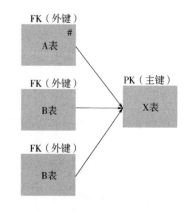

如果 3 个表（A 表、B 表、C 表）分别有 m、n、o 行记录，那么笛卡儿乘积将产生 $m \times n \times o$ 行记录。

图 12-28　左侧有 3 个表的 Chasm 陷阱

在 LinkedIn 的例子中，如果添加一个新的有 7 行数据的 UserProjects 表，那么得到的最坏情况（相当于笛卡儿乘积）将有 $7 \times 7 \times 7 = 343$ 行记录。换而言之，具有 A、B、C 的断层陷阱的最坏情况是立方增长，而最好的情况还是呈现线性趋势的。

相反，如果使用 USS 方法，增长趋势总是呈现线性趋势的，不会出现最好或最坏的情况。如果 3 个表（A 表、B 表、C 表）分别有 m、n、o 行记录，则 Bridge 表将出现 $m+n+o$ 行记录。Bridge 表的大小与源表的行数成正比，而不是与源表的行数积成正比。

在 LinkedIn 的例子中，Bridge 表将出现 $7+7+7=21$ 行记录。21 行显然比 343 行好，特别是在它们包含相同信息的情况下。

***
USS 方法总是呈线性增长趋势的。
***

和之前一样进行相同的简化处理，保持 A 表、B 表和 C 表具有相同行数，并将其称为 x，将连接结果的行数称为 y。基于 3 个表（A 表、B 表、C 表）的 Chasm 陷阱的行数介于线性增长和立方增长之间。而 USS 方法的增长趋势总是呈线性的，对于 3 个表，查询结果的行数等于 $x+x+x=3x$ 行。图 12-29 所示为立方增长情况下的"凯尔特竖琴"，这表明 USS 方法始终是线性趋势增长的。

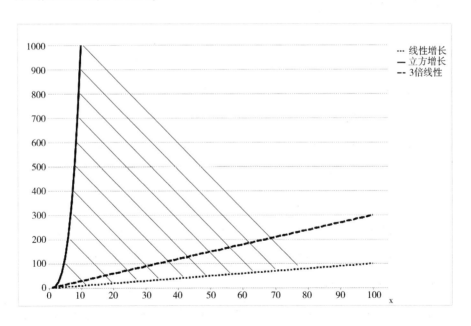

图 12-29 立方增长情况下的"凯尔特竖琴"

该图比较了一个基于标准连接的 Chasm 陷阱增长趋势和基于 USS 方法的增长趋势。在本例中，"左边"的表有 3 个（A 表、B 表和 C 表）。使用传统方法趋势曲线将落在两条极端线（线性和立方线）之间的某个区域，而使用 USS 方法则总是保持线性增长趋势，等同于 $3x$。

如果"左边"有 10 个表（A 表、B 表、C 表、D 表、E 表、F 表、G 表、H 表、I 表和 J 表），那么 Chasm 陷阱的增长率将达到 x^{10}，而使用 USS 方法的线性增长将等于 $10x$。

当数据源的规模扩大时，采取 USS 方法才是最好的解决方案，因为它的增长趋势总是呈线性的。

JSON Chasm 陷阱

当创建商业智能解决方案时，数据源可能是 JSON 格式的。正如之前介绍的，经常听到开发人员说这不是问题，因为"JSON 文件可以扁平化"。但不幸的是，扁平化 JSON 文件与去范式化的表非常相似，有时扁平化 JSON 文件会导致一些问题，其中一个问题就是"JSON Chasm 陷阱"。

将"JSON Chasm 陷阱"定义为至少包含两个嵌套数组的 JSON 结构，如果数组中包含度量值，则问题会变得更加严重。

图 12-30 中的 JSON 文件包含了 LinkedIn 的用户列表，针对每个用户都有两个嵌套数组，即 Skills 和 Languages，这两个数组都有度量，就是等级。在扁平这个 JSON 文件的时候，这两个数组将彼此激增，就像 Chasm 陷阱那样，Languages 表会激增 Skills 表，而 Skills 表也会激增 Languages 表。

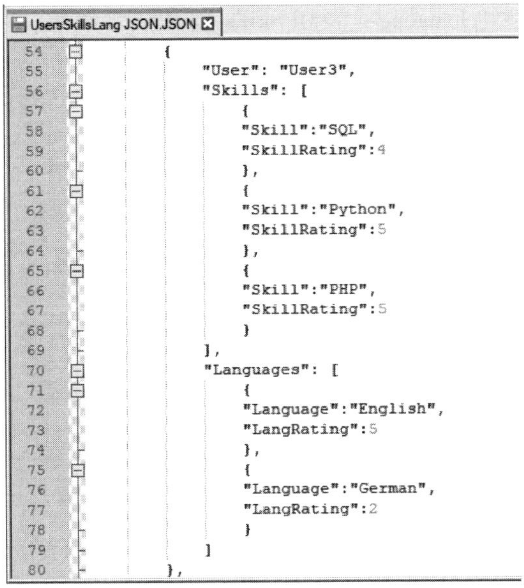

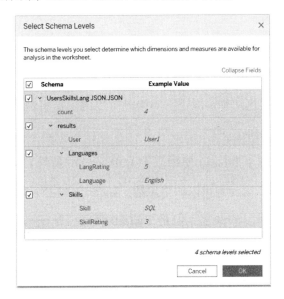

图 12-30　有度量的 JSON Chasm 陷阱示例

图 12-31 所示为 Tableau 的选择模式级别对话框。

图 12-31　Tableau 的选择模式级别对话框

Tableau 识别到 Languages 表和 Skills 表是嵌套数组，并让最终用户选择保留或丢弃它们。当然，决定同时保留这两个表。如图 12-32 所示，Tableau 数据源页面显示了重复的等级。

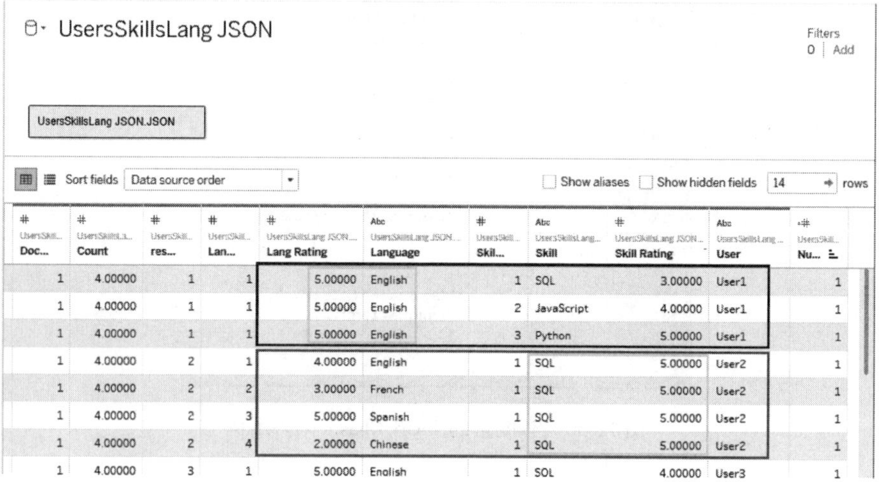

Doc...	Count	res...	Lan...	Lang Rating	Language	Skil...	Skill	Skill Rating	User	Nu...
1	4.00000	1	1	5.00000	English	1	SQL	3.00000	User1	1
1	4.00000	1	1	5.00000	English	2	JavaScript	4.00000	User1	1
1	4.00000	1	1	5.00000	English	3	Python	5.00000	User1	1
1	4.00000	2	1	4.00000	English	1	SQL	5.00000	User2	1
1	4.00000	2	2	3.00000	French	1	SQL	5.00000	User2	1
1	4.00000	2	3	5.00000	Spanish	1	SQL	5.00000	User2	1
1	4.00000	2	4	2.00000	Chinese	1	SQL	5.00000	User2	1
1	4.00000	3	1	5.00000	English	1	SQL	4.00000	User3	1

图 12-32　Tableau 数据源页面显示了重复的等级

在图 12-32 所示的第一个矩形中，可以看到 User1 的口语记录数，English 被 3 种 Skills 激增。在第二个矩形中，可以看到 User2 的技能 SQL 被 4 种 Skills 激增。在这两种情况下，等级是重复的。这将被认为，Tableau 将显示不正确的平均值。

然而幸运的是，Tableau 使用基于 LOD 语法的特殊自动公式来处理这些重复项。这个自动公式可以调整总数，如图 12-33 所示。

尽管加载了重复的数字，但是 Tableau 仍然清楚记录了结构在被扁平之前的情况，那时它显示的总平均值为 4.429 和 3.714，这是正确的合计总数。

如果不使用 BI 工具来处理 JSON 扇形陷阱，那么情况将会大不相同。

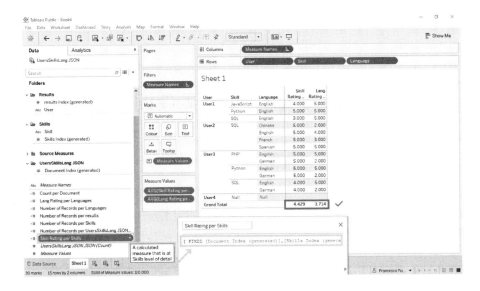

图 12-33　Tableau 工作表显示了正确的总数

例如，如果扁平化操作由编程语言执行并保存到 CSV 文件中，则每个 BI 工具（包括 Tableau）将默认显示 4.615 和 3.846 的总平均值，这是存在重复项时进行计算而得出的不正确的合计总数。我们可以通过在计算器中输入在图中看到的值并除以 13 来获得这些数字。

在这种情况下，建议是避免扁平化操作。相反，每个嵌套数组都需要转换成一个单独的关系表。通过这样的操作，我们将发现回到了本书描述的经典关系场景。针对这类场景，按照指示，将会得到正确的结果。

第13章 多事实查询

在本章中，通过区分"直接连接"与"无直接连接"多个事实表查询的过程，我们可以看到多对多关系表的危险陷阱，并且知道连接多对多关系事实表的最佳操作是创建联合。创建联合的过程比较复杂且不易理解，因此需要探讨 BI 工具如何构建聚合后的虚拟行，以及统一星型模型如何基于 Bridge 表很自然地嵌入联合。接下来使用在 Spotfire 中的实现方法，看看最终用户创建一个有价值的仪表盘是多么简单的一件事。

传统的维度建模方法是将事实表放在星型模型或者雪花模型的中心位置，将维表放在事实表的周围。如果要创建一个同时包含两个或多个事实表的查询，那么会是怎样的结构呢？

什么是事实表？根据传统定义，事实表的每一行都代表一个与业务流程关联的事件，并且通常包含与该事件关联的数值度量。事实表将多个业务实体组合在一起后能够告诉我们一个业务情况，例如，客户在某个日期购买了一个产品，或者在某个日期完成了一批订单，或者仓库在某个时间点达到了一定的产品库存等。

如前面所述，统一星型模型没有事实表或维表的区分，这种区分方法是一种限制。另外，有些表既不符合事实表的定义，也不符合维表的定义。在统一星型模型中，表就是表，与维度建模方法唯一有关的是区分表是否包含度量，并且任何表都可以区分。

读者应该遇到过事实表引用其他事实表的情况，本章将更深入地讨论这个话题。

对于懂得 SQL 的开发人员来说，将多个事实表放在一起进行计算很容易实现，但是对于没有数据专业知识的最终用户来说却是一件比较困难的事情。现有的报表平台或自助式 BI 工具通常不提供多事实查询的功能，即使有该功能，通常也只能完成度量的汇总，不会具有向下钻取细节数据的功能。在当今的商业智能场景中，还需要解决对开发人员依赖过多的问题。

本章不但集成了传统维度建模方法留给开发人员的创造力的原理，还提出一个"完全集成"的"向下钻取能力"的以及为没有数据经验的用户提供"自助式 BI"服务的多事实查询解决方案。

再深入地解释一下这 3 个短语的意思：

- "完全集成"（Fully Integrated），是指最终用户只有一个集成的信息访问点。最终用户在任何报告上选择的任何过滤器，都将在所有其他报告中传递。

- "向下钻取能力"（Apability of Drill down），是指最终用户不需要成为数据专家就可以在聚合后的信息中向下钻取，以获取每条信息的具体细节数据。

- "自助式 BI"（Self-service BI），是指无需开发人员就可以解答问题的 BI 解决方案。即在基础设施环境搭建完成之后，最终用户可以与直观的图形界面进行交互以完成数据分析。

直接连接的多事实查询（一对多）

如图 13-1 所示，Sales 表和 Shipments 表是两个直接连接的事实表。

图 13-1　Sales 表和 Shipments 表是两个直接连接（一对多）的事实表

在此示例中，两个事实表是直接连接的，Shipments 表包含 SalesID 列，该列指向 Sales 表的外键，这就是两个事实表间一对多关系的例子。

Sales 表和 Shipments 表都是事务事实表的典型示例，每行都表示一个与业务流程相关联的事件，并且包含与该事件相关的度量。两个表通过维表建立多对多关系，如产品号、客户号和日历等。两个事实表使用的是一致性维度，也就是说事实表引用相同粒度的维度。

这个示例是传统维度建模方法的理想场景，可相当容易地创建两个单独的星型模型和两个使用相同维度的单独查询。但是，是否能够创建一个包含 Sales 表和 Shipments 表及其所有相关属性和向下钻取获取详细信息的查询呢？另外，这是任意一个最终用户都可以创建的简单查询吗？使用传统维度建模方法是不切实际的。

正如在第 11 章中看到的，采用 USS 方法可以解决这个问题。

图 13-2 所示为包含两个事实表的统一星型模型。为了相对完整地展示统一星型模型，这里添加了 Clients 表、Products 表和 Calendar 表。

请注意，Bridge 表具有指向其他表主键的外键，无论它们是事实表、维度表还是其他任何类型的表。统一星型模型始终以 Bridge 表在其左侧、其他表在其右侧的形式进行展现。

统一星型模型解决了具有直接关系的事实表之间的连接问题，接下来需要解决没有直接关系的事实表之间的连接问题。不直接连接的两个事实表，也就是说，一个表中没有唯一的键，另一个表中没有可用的键，这就是多对多关系的真实情况，也是最有趣的地方。

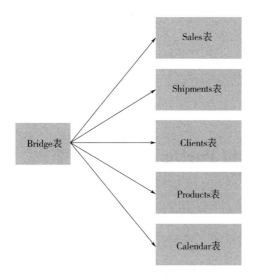

图 13-2　包含 Sales 表和 Shipments 表的统一星型模型（一对多的多事实）

无直接连接的多事实查询 （多对多）

图 13-3 中的两个表没有直接连接关系。这两个表没有任何指向主建的外键，根据 ODM 约定，它们不能用直线进行连接。

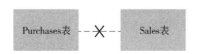

图 13-3　Sales 表和 Purchases 表是没有直接联系的两个事实表（多对多）

现在读者可能会感到疑惑，如果不直接连接这两个表，那么为什么要创建一个涉及这两个表的查询呢？这两个表会与苹果和梨的关系一样吗？建立关联关系后会产生笛卡儿乘积吗？

答案是否定的。这两个表的关系并不与苹果和梨的关系一样，而是因为这两个表有共同的维度。这两个表没有直接连接，但是它们可以通过公共维表建立间接连接。

基于 Sales 表和 Purchases 表的示例

现在看一个例子，假设业务包括从供应商那里采购产品并将其出售给客户。Purchases 表描述了从供应商处购买产品的过程，而 Sales 表描述了向客户出售产品的过程，因此，这两个表至少具有一个共同的维度产品，日期也是一个共同的维度，可以将其称为"Calendar"。

现在的问题是，是否应该通过产品关联 Sales 表和 Purchases 表？是通过日期，还是通过产品和日期的组合，或者是通过它们的汇总（例如"产品类别"和"月份"）将它们联系起来？这里基于 ProductsID 的粒度，通过 Products 表将 Sales 表和 Purchases 表连接，从此处开始探索，如图 13-4 所示。

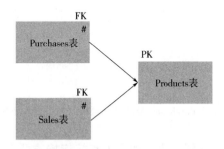

图 13-4 通过 Products 表连接 Sales 表和 Purchases 表

如果通过 Products 表连接 Sales 表和 Purchases 表，就会注意到这 3 个表形成了有度量的 Chasm 陷阱。提醒一下，Chasm 陷阱是表的组合，其中表 X 被两个或更多个表分解。在这个例子中，X 表是 Products 表，因为有两个表在 X 表的左边。在这种情况下，左边的两个表包含度量。在带有度量的 Chasm 陷阱里进行连接只能产生错误的汇总数据。如果通过 Calendar 表关联 Sales 表和 Purchases 表会怎么样呢？如图 13-5 所示。

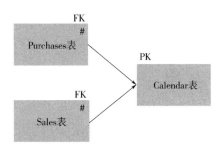

图 13-5　通过 Calendar 表关联 Sales 表和 Purchases 表

如果通过 Calendar 表连接 Sales 表和 Purchases 表，则这 3 个表将再次形成带有度量的 Chasm 陷阱。这次的 X 表是 Calendar，因为它的左侧有两个表。与上面的内容相同，必须避免这 3 个表之间的关联。

如果直接将 Sales 表与 Purchases 表关联起来，那么会发生什么呢？

Sales 表与前面的示例内容相同，如图 13-6 所示。

SalesID	Date	Client	Product	Quantity	Amount
1	01-Jan	Bill	PR01	1	100
2	02-Jan	Bill	PR02	1	70
3	02-Jan	Francesco	PR02	2	140
4	03-Jan	Francesco	PR03	1	300
5	04-Jan	Francesco	PR01	40	4000

图 13-6　Sales 表

这里突出显示 Sales 表的最后一行，是因为这笔交易的金额和数量比其他交易记录大。

Purchases 表如图 13-7 所示。

PurchID	Purch Date	Prod ID	Prod Name	Purch Quantity	Purch Price	Purch Amount
1	01-Dec	PR01	Hard Disk Drive	10	80	800
2	01-Dec	PR02	Keyboard	10	40	400
3	01-Dec	PR03	Tablet	10	220	2200
4	01-Dec	PR04	Laptop	10	350	3500
5	04-Jan	PR01	Hard Disk Drive	60	80	4800

图 13-7　Purchases 表

图 13-7 中突出显示的 Purchases 表记录行是再次补充硬盘驱动器库存的记录。假设在 12 月，每种产品都是从供应商处购买的，每种产品的数量为 10 个单位，那么在 1 月份，当客户订购 60 个单位的 PR01（硬盘驱动器）产品时，一条新的 60 个单位的购买记录就立刻产生了。

这两个表并不直接指向彼此，它们没有彼此的键。Sales 表中没有 Purchase ID，Purchases 表中也没有 SalesID。但是它们有两个共同点，即都有产品和日期维度。

请注意，这两个表中的列有时可能具有不同的名称，但它们表示相同的内容。在这种情况下，"Product" 和 "Prod ID" 代表同一事件，它们都是 Products 表的外键。同样，当事件发生的时候，"Date" 和 "Purch Date" 都记录了事件的发生日期，它们都是 Calendar 表的外键。可以通过 Product 将两个表结合起来。这个关联的

```
SELECT
[Sales].[SalesID],
[Sales].[Date],
[Sales].[Client],
[Sales].[Product],
[Sales].[Quantity],
[Sales].[Amount],
[Purchases].[PurchID],
[Purchases].[Purch Date],
[Purchases].[Prod ID],
[Purchases].[Prod Name],
[Purchases].[Purch Quantity],
[Purchases].[Purch Price],
[Purchases].[Purch Amount]
From [Sales]
FULL OUTER JOIN [Purchases]
ON [Sales].[Product] = [Purchases].[Prod ID]
```

图 13-8　Sales 表和 Purchases 表之间
创建直接连接的 SQL 代码

SQL 代码如图 13-8 所示。

SQL 查询的结果如图 13-9 所示。

SalesID	Date	Client	Product	Quantity	Amount	PurchID	Purch Date	Prod ID	Prod Name	Purch Quantity	Purch Price	Purch Amount
1	01-Jan	Bill	PR01	1	100	1	01-Dec	PR01	Hard Disk Drive	10	80	800
1	01-Jan	Bill	PR01	1	100	5	04-Jan	PR01	Hard Disk Drive	60	80	4800
2	02-Jan	Bill	PR02	1	70	2	01-Dec	PR02	Keyboard	10	40	400
3	02-Jan	Francesco	PR02	2	140	2	01-Dec	PR02	Keyboard	10	40	400
4	03-Jan	Francesco	PR03	1	300	3	01-Dec	PR03	Tablet	10	220	2200
5	04-Jan	Francesco	PR01	40	4000	1	01-Dec	PR01	Hard Disk Drive	10	80	800
5	04-Jan	Francesco	PR01	40	4000	5	04-Jan	PR01	Hard Disk Drive	60	80	4800
						4	01-Dec	PR04	Laptop	10	350	3500
					8710							17700

图 13-9　Sales 表和 Purchases 表的查询结果

查询的结果看起来不太令人满意，有重复记录，所以总数肯定不正确。通常情况下，很难想象使用多对多连接是一个明智的选择，特别是涉及度量的时候。

多对多连接很少有意义，尤其是包含度量时。

这种多对多连接产生的结果与 Chasm 陷阱上的连接产生的结果相同。所以可以说"多对多"和 Chasm 陷阱是同一种情况，多对多关系等效于省略 X 表的 Chasm 陷阱。直接连接 Sales 表和 Purchases 表等同于一个省略了 Product 表的有度量的 Chasm 陷阱，如图 13-10 所示。

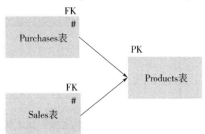

图 13-10　直接连接 Sales 表和 Purchases 表等同于省略了
Product 表的有度量的 Chasm 陷阱

为什么选择用 Product 表去连接这两个表? 因为 SQL 查询是根据 Pro-ductID 创建连接的, 如果 SQL 连接是基于 Date 的, 则这等效于带有量度的 Chasm 陷阱, 其中省略的 X 表是 Calendar 表。

多对多关系等同于省略 X 表的 Chasm 陷阱。

现在集中讨论行数。如图 13-9 所示, 查询结果有 8 行, 这 8 行来自哪里? 为什么正好是 8 行呢?

可以通过 "Chasm 陷阱行计数方法" 找到答案, 将两个表都按 X 表的 ID (在这种情况下为 ProductID) 进行分组, 然后计算行数。如果有一个 0, 则必须将其替换为 1, 乘法将提供每个 Product 的行数, 底部的总数就是我们想要得出的数字。

需要查看表格, 并且需要回答两个问题。每个 Product 在 Sales 表中有多少行? 如果在前面的章节中注意到 Sales 表, 就可以知道具体的行数 (2、2、1、0)。这意味着有两行 PR01、两行 PR02、一行 PR03、零行 PR04。每个产品在 Purchases 表中有多少行呢? 有 2、1、1、1 行。将这些数字放入电子表格中, 将 0 替换为 1, 然后进行乘法运算, 如图 13-11 所示。

Product	CountSales	CountPurch	Multiplication
PR01	2	2	4
PR02	2	1	2
PR03	1	1	1
PR04	0 (->1)	1	1
			8

图 13-11　Chasm 陷阱行计数的方法, 用 1 代替 0

PR01 在两个表中出现两次。因此, 笛卡儿积生成 4 行。PR02 产品在 Sales 表中出现两次, 在 Purchases 表中出现一次, 因此仍保留两行。PR03

产品在两个表中都出现了一次，因此它保持一行。PR04 是最有趣的，它没有出现在 Sales 表中，但是在 Purchases 表中出现了，其中 Sales 表部分保持为空值，因此，它将创建一行。总计为 8 行。经计算，该方法是有效的。

通常，具有多对多关系的两个表之间的连接是一种危险的操作：它很可能使行爆炸式增多，产生重复的度量值，导致得到的总记录数不正确。在大多数情况下，会带来问题，但不会产生附加价值。所以，当两个表之间的关系是多对多时，建议不要创建连接。

基于上述情况，推荐创建联合，而不是创建一个多对多关系的连接。

联合

联合是将一个表的值放在另一个表的值的下面，并且将具有相同业务含义的列在共享列中"堆积"，示例如图 13-12 所示。

Source	SalesID	Date	Client	Product	Quantity	Amount	PurchID	Prod Name	Purch Quantity	Purch Price	Purch Amount
Sales	1	01-Jan	Bill	PR01	1	100					
Sales	2	02-Jan	Bill	PR02	1	70					
Sales	3	02-Jan	Francesco	PR02	2	140					
Sales	4	03-Jan	Francesco	PR03	1	300					
Sales	5	04-Jan	Francesco	PR01	40	4000					
Purch		01-Dec		PR01			1	Hard Disk Drive	10	80	800
Purch		01-Dec		PR02			2	Keyboard	10	40	400
Purch		01-Dec		PR03			3	Tablet	10	220	2200
Purch		01-Dec		PR04			4	Laptop	10	350	3500
Purch		04-Jan		PR01			5	Hard Disk Drive	60	80	4800

图 13-12　Sales 表和 Purchases 表做联合，具有相同业务含义的列将被"堆积"

如图 13-12 所示，在创建联合时，始终建议添加 Source（源）列，以跟踪每一行数据的来源。

在图 13-12 中，还可以看到 Date 列具有来自 Sales 表和 Purchases 表的值。这些值具有相同的业务含义，因此被堆积到一列中。Product 列也是如此。

一些开发人员也倾向于将数量和金额堆积，但是建议避免这种操作。虽然它们具有相似的名称，却具有不同的业务含义。创建公式时，可能需要再次拆分它们，如果以后需要再次将它们合并，则将两件事合并在一起是没有意义的。

创建联合始终是合并两个多对多关系事实表的最佳方法。但是，通常创建联合并不是一件简单的事情。

许多 BI 工具仅在表结构完全相同时才支持创建联合，不支持"仅需要堆积部分列"的情况。因此，最终用户通常无法在 BI 工具上通过简单地拖动列来获得图 13-12 所示的联合。

使用 Spotfire 等其他 BI 工具，可以实现在"不同结构"的表之间创建联合。但是，这需要最终用户做出一些高难度的技术挑战，对于业务用户而言不太可行。

用 SQL 来实现联合操作会有些乏味，如果要在两个表之间创建联合，则它们必须具有相同的结构，两个表的列的名称和位置必须完全匹配，这种约束迫使 SQL 开发人员必须创建一些"空列"和"重命名列"。图 13-13 所示为带有空列和重命名列的创建联合的 SQL 代码示例。

如在图 13-12 中 SQL 查询的后 5 行记录中所见，开发人员被迫创建 4 个空列，分别命名为 SalesID、Client、Quantity 和 Amount，这 4 列需要放置在适当的位置，与查询前 5 行记录的位置匹配。此外，Purch Date 列必须重命名为 Date，而 Prod ID 列必须重命名为 Product，不仅后 5 行记录必须适应前 5 行记录，而且前 5 行记录也必须适应后 5 行记录。这里前 5 行记

录创建了 5 个空列，因为如果联合的两个表的结构不同，那么 SQL 将产生
语法错误。

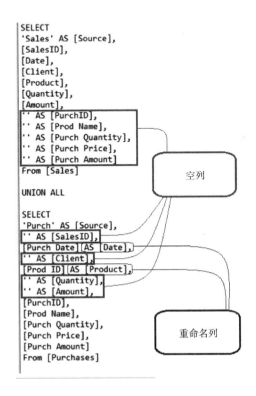

图 13-13　带有空列和重命名列的创建联合的 SQL 代码示例

> *创建联合的 SQL 语法时需要非常细心，并且维护也*
> *很费时。没办法，这是要付出的代价，因为联合是合并多*
> *对多关系表的最好方式。*

注意，其他编程语言具有比 SQL 创建联合更容易操作的语法。例如，
Python 和 R 语言可以根据列名轻松创建联合，没有两个表的表结构必须一
样的限制，所以无须考虑字段位置，并且空列不用在代码中提及，系统将

自动创建对应的列。这就是许多编程语言在处理复杂的查询和数据转换方面比 SQL 更友好的原因，这些语言也是在统一星型模型的实施过程中开始被推崇的。

BI 工具中聚合的弹簧效应

创建联合只是第一步，在创建联合之后还需要对数据做聚合。

在分别具有 n、m 行的两个表之间创建联合时，所得的行数将为 $n + m$。如果有两行或者两行以上的数据完全相同的可能，那么建议使用 SQL 命令" UNION ALL"，以避免丢失数据。如图 13-14 所示，将两个事实表的结合视为两副扑克牌堆积起来后洗牌。

图 13-14　两个表的联合就像两副扑克牌堆积在一起后洗牌的现象

当把两副扑克牌堆积在一起并洗牌之后，扑克牌是"合并"在一起的，而不是"聚合"起来的，下面介绍"聚合"的含义。

当堆叠的两副牌都是 52 张时，将拥有 104 张牌。不管洗多少次牌，它们仍将是 104。当把它们混合在一起后，并没有发生聚合。所谓"聚合"，是指两张或更多张牌"融为一体"，变成一张新牌。当然，牌不会发生这种情况，但是数据会发生这样的情况。

从数据上来说，假设有两个表，分别称为"RedTable"和"Blu-eTable"，它们都有 52 行，如果对两个表创建联合，则结果表将具有 104 行。无论是否更改查询的顺序，行数仍将为 104。每行都将来自 RedTable 或 BlueTable，这与扑克牌的情况完全相同。

如果想要完成两个表中度量字段的计算，在完成联合操作之后，还需要创建一个聚合操作。在 BI 工具中，聚合操作很容易实现，因为在某种程度上它是"自动的"。在这种可视化工具中显示度量和部分属性，如产品类别、产品供应商、年份等，显示的属性将自动聚合所有的数据。

为了更好地理解 BI 工具自动聚合的原理，可以想象一下图 13-15 所示的金属弹簧。

图 13-15　BI 工具始终尝试汇总数据，类似于试图收缩到其静止状态下的弹簧

金属弹簧总是试图收缩到其静止状态，弹簧可以手动拉伸，但是释放后就会再次收缩。

BI 工具的行为与其类似，细粒度的属性等同于强拉伸。粗粒度的属性等同于较弱的拉伸，如果没有属性的话，则不会拉伸。

图 13-16 所示为 BI 工具（本例中为 Spotfire）中的每个度量字段数据会被自动汇总。

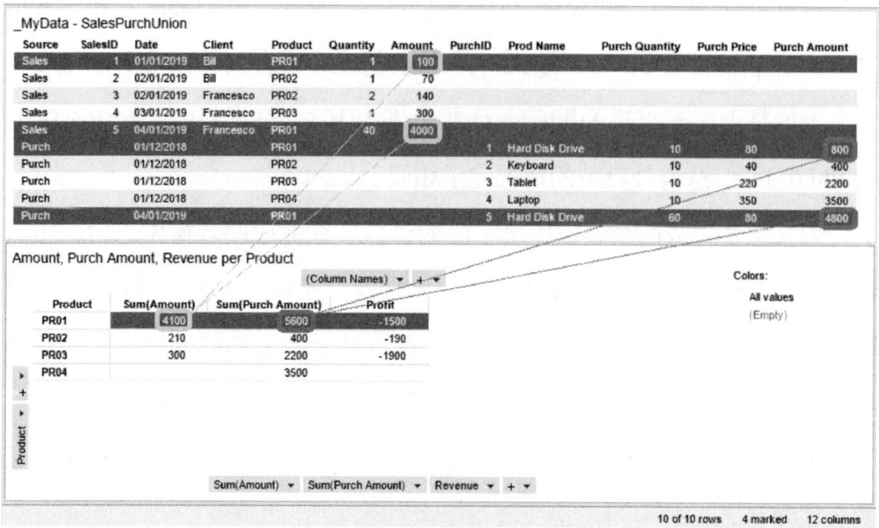

_MyData - SalesPurchUnion

Source	SalesID	Date	Client	Product	Quantity	Amount	PurchID	Prod Name	Purch Quantity	Purch Price	Purch Amount
Sales	1	01/01/2019	Bill	PR01	1	100					
Sales	2	02/01/2019	Bill	PR02	1	70					
Sales	3	02/01/2019	Francesco	PR02	2	140					
Sales	4	03/01/2019	Francesco	PR03	1	300					
Sales	5	04/01/2019	Francesco	PR01	40	4000					
Purch		01/12/2018		PR01			1	Hard Disk Drive	10	80	800
Purch		01/12/2018		PR02			2	Keyboard	10	40	400
Purch		01/12/2018		PR03			3	Tablet	10	220	2200
Purch		01/12/2018		PR04			4	Laptop	10	350	3500
Purch		04/01/2019		PR01			5	Hard Disk Drive	60	80	4800

Amount, Purch Amount, Revenue per Product

(Column Names) ▼ + ▼

Product	Sum(Amount)	Sum(Purch Amount)	Profit
PR01	4100	5600	-1500
PR02	210	400	-190
PR03	300	2200	-1900
PR04		3500	

Colors:
All values
(Empty)

Sum(Amount) ▼ Sum(Purch Amount) ▼ Revenue ▼ + ▼

10 of 10 rows   4 marked   12 columns

图 13-16　BI 工具中的每个度量字段数据会被自动汇总

　　该图的上半部分包含一个具有 10 行的表，它是 Sales 表和 Purchases 表的联合。这相当于堆积了两副扑克牌，如果查看第一列（源），就会注意到前 5 行来自 Sales 表，后 5 行来自 Purchases 表。即使更改其顺序（如按日期排序），也仍然会有 10 行，并且每一行都将来自 Sales 表或 Purchases 表。仅靠改变两个源表的顺序，是不可能在同一行上既有 Sales Amount 列又有 Purchase Amount 列的，SalesID 和 PurchID 列都是明细粒度，可以做到收放自如。

　　相反，该图的下半部分显示了一个只有 4 行的表，它表示不同的视角。由于删除了最详细的列，因此该表数据已完成自动聚合，就像部分释放的弹簧一样只有一个 Product 维度，这个维度只有 4 个不同的值，该表目前被汇总为 4 行，就像一个伸展能力变弱的弹簧。

　　现在来看下 Amount 列（来自 Sales 表）和 Purch Amount 列（来自 Purchases 表）。在图 13-16 的上半部分有 10 行，我们会发现任何一行都不能让这两个字段同时非空，因为有的行来自 Sales 表，有的行来自 Purchases 表。但是，如果看一下图 13-16 的下半部分，就会发现已经产生了同时让这两个度量不为空的记录行。

将在 BI 工具中看到的自动聚合后的行称为"聚合后的虚拟行"。它们是虚拟的，因为不存在于加载到内存中的详细数据中。但是，可以在报表和仪表盘中看到。聚合后的虚拟行同时具有来自多个表的聚合后的信息。现在，终于可以在同一记录行上看到 Sales Amount 和 Purchase Amount 了，这得益于聚合后的虚拟行。有了聚合后的虚拟行，就可以为每种产品计算销售量减去采购量的利润了。

> BI 工具能够构建聚合的虚拟行，可以将来自多个事实表的度量进行比较和计算。

理解带有聚合功能的联合操作的高度灵活性是一件非常重要的事情。

大多数开发人员认为他们必须根据业务需求选择如何关联两个事实表，如果要求他们按产品计算利润，那么可以基于产品创建连接。他们不能在原始表上做表间关联，因为这会产生重复的度量。为此，他们只能以产品粒度聚合两个表，这样做的明显缺点就是某些详细信息被丢弃掉了。随后，如果要求他们按月计算利润，则必须基于汇总到月粒度的两个表创建一个新的连接。其后，如果要求他们按产品类别和年份计算利润，则必须基于产品类别和年份创建新连接。最后，如果要求他们显示销售的详细信息，则将不得不再创建一个包含销售详细信息的新查询。

> 对于多事实数据，如果使用传统的连接方法，那么每个业务需求都需要一个不同的查询。

　　相反，基于 BI 工具自动聚合功能对连接表做联合时，一切都会容易得多，一个查询就可以创建所有可能的组合。准备联合时，只需要"堆积"所有常见的业务元素，然后确定按产品、按日期、按产品和日期的组合、按月等维度展示度量即可。图 13-17 所示为按月显示利润，这种可视化不是来自新的查询，它只是同一个查询的不同聚合。"聚合组合"仅需一个查询即可提供所有可能的可视化效果。

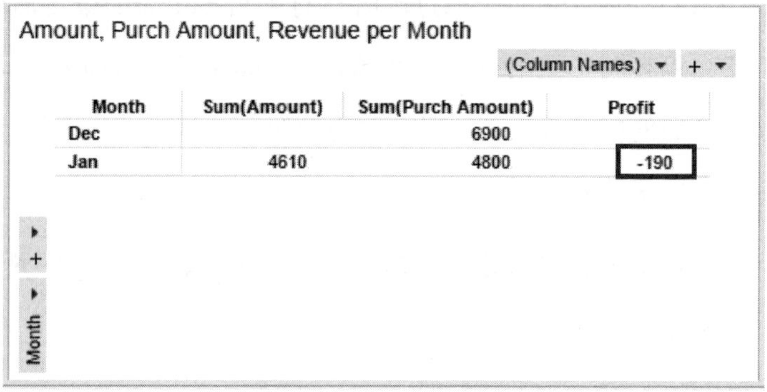

图 13-17　按月显示利润

图 13-18 所示为另一种视角，即按产品和月显示利润。

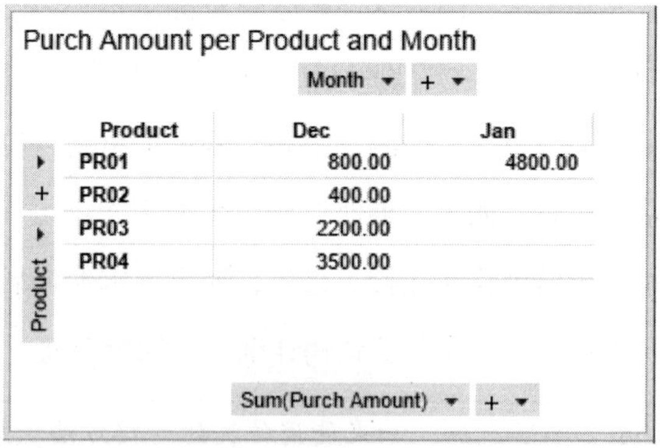

图 13-18　按产品和月显示利润

这种灵活性和在 Excel 中经常使用的数据透视图一样，区别还需要处理基于多对多关系的事实表。

把联合操作与具有自动聚合功能的 BI 工具结合，是一种非常强大且灵活的解决方案。最终用户将能够以所有可能的方式自由地统计数据，不会造成数据重复统计的风险且具有完全集成性，始终具有向下钻取的功能，并且具有非常直观的图形界面。

> 联合与聚合的结合能够同时实现多个事实表之间的比较和计算，可以为每个查询提供高灵活的可视化展示。

众所周知，联合在创建的时候有些弊端。一个弊端是，BI 工具并非总是允许创建结构不相同的数据表之间的联合，而且创建联合的 SQL 特别烦琐。另一个弊端是，结果表是不代表特定业务实体的混合表，联合包含来自不同源表的列。例如，在图 13-13 的 SQL 查询中，在 Purchases 表中人为地创建了一个 SalesID 列，这个操作显然没有任何意义，并且不容易理解。

希望找到一个更好的解决方案。

统一星型模型如何解决多事实查询

统一星型模型是在联合的基础上产生的，但是它比联合更好，因为它更易于使用，并且不会打乱数据记录的顺序。最终用户创建一个连接，实际上在后台是结合连接和联合实现的。读者可能想知道连接如何产生联合。可能是因为 Bridge 表本身已经是一个联合了，这是一个连接各个 Stage

的集合。

Bridge 表必须由数据专家来创建，而不能让业务用户去创建，因为创建 Bridge 表的工作只需在项目开始时做一次就可以了。新的业务需求通常不需要对 Bridge 表进行任何修改，仅当数据结构发生更改或将项目扩展到新的数据源时才需要进行修改。

统一星型模型解决方案的架构如图 13-19 所示。

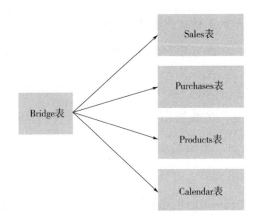

图 13-19　统一星型模型解决方案的架构

不出所料的话，大家对该架构已经很熟悉了，每个统一星型模型都与图 13-19 类似！

现在来看看 Bridge 表，目前有 4 个表，所以 Bridge 表将具有 4 个 Stage 和 5 个列，如图 13-20 所示。

不同 Bridge 表的结构看起来一样，可根据实际情况创建外键。标记为"空"的两个单元格显示，Sales 表的 Stage 并不指向 Purchases 表，并且 Purchases 表的 Stage 没有指向 Sales 表，这与预期的完全相同。但是，它们都指向共同的维度，这就是 Bridge 表带来的价值。

Stage	_KEY_Sales	_KEY_Purchases	_KEY_Products	_KEY_Calendar
Sales	1		PR01	01-Jan
Sales	2		PR02	02-Jan
Sales	3	空	PR02	02-Jan
Sales	4		PR03	03-Jan
Sales	5		PR01	04-Jan
Purch		1	PR01	01-Dec
Purch		2	PR02	01-Dec
Purch	空	3	PR03	01-Dec
Purch		4	PR04	01-Dec
Purch		5	PR01	04-Jan
Products			PR01	
Products			PR02	
Products			PR03	
Products			PR04	
Calendar				01-Jan
Calendar				02-Jan
Calendar				03-Jan
Calendar				04-Jan
Calendar				05-Jan
Calendar				06-Jan
...	...	...	...	...

图 13-20　Bridge 表

在 Bridge 表中，还可以看到 Products 和 Calendar 都没有指向除自身以外的任何内容。这些 Stage 可以确保即使表中没有事实类字段也可以展示每个维度的所有值。例如，在 1 月 5 日和 1 月 6 日，什么都没有发生，没有销售记录，也没有采购记录。尽管如此，正是由于 Calendar Stage，最终用户报告中才能显示 1 月 5 日和 1 月 6 日，这就是所说的全连接的影响。

用 Tibco Spotfire 实施

使用 Tibco Spotfire 创建仪表盘比较简单，当采用统一星型模型准备数据时，任何没有数据专业知识的最终用户都可以轻松地做到这一点，第一步一般是加载 Bridge 表，如图 13-21 所示。

然后，添加所需的其他表即可完成操作。使用 Spotfire，可以通过命令"Insert Columns"来添加所有表来实现。可以从加载 Sales 表开始，如图 13-22 所示。

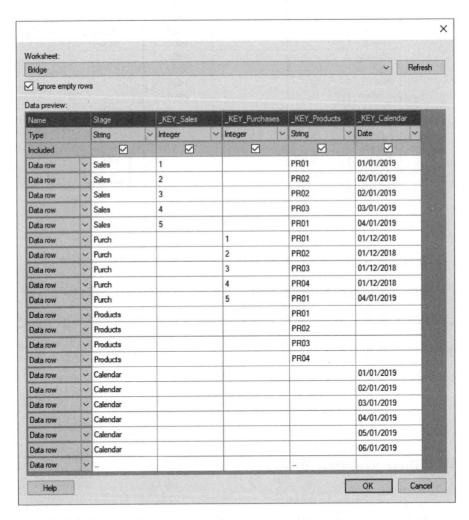

图 13-21　在 BI 工具中，第一步是加载 Bridge 表

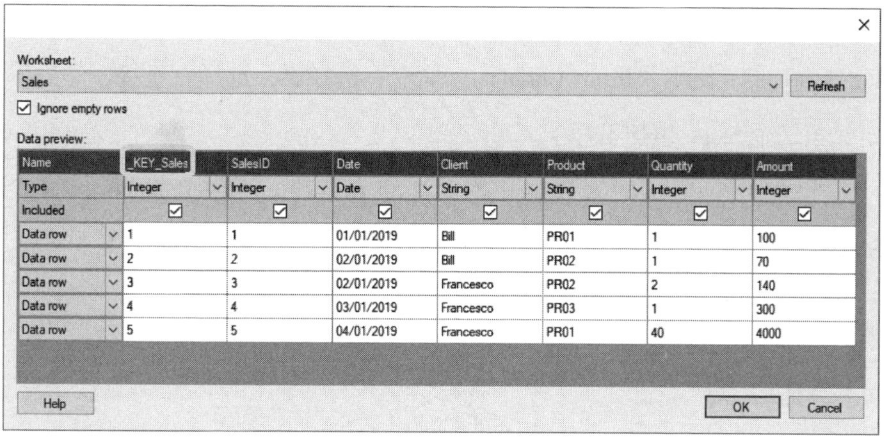

图 13-22　加载 Sales 表

为遵循统一星型模型命名规范，Sales 表增加了"＿KEY_Sales"列。

Sales 表能导入 Spotfire 中，得益于采用了统一星型模型命名规范，Spotfire 自动识别如何创建表连接，最终用户不必是数据专家，唯一要注意的是需要将默认连接转换为"左连接"。如图 13-23 所示，第一个结果马上就呈现出来了。

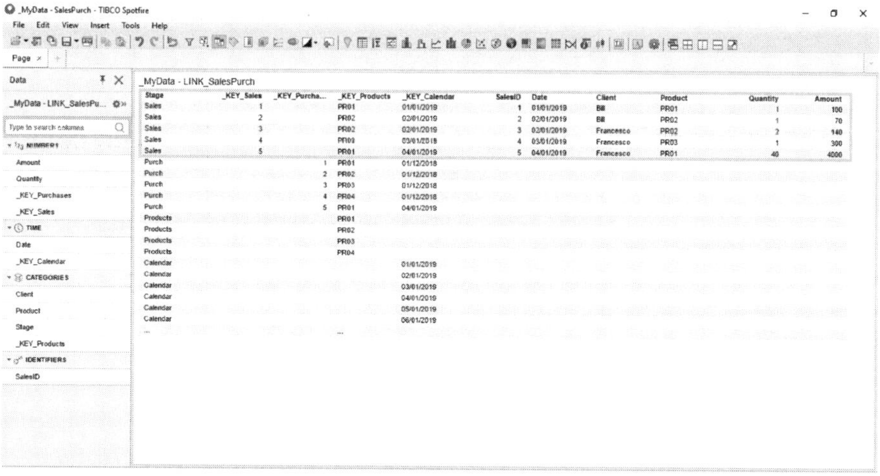

图 13-23　已正确导入 Sales 表

統一星型模型
——一种敏捷灵活的数据仓库和分析设计方法

然后，对每一个需要加载的表重复该过程即可，请参阅图 13-24 中的 Purchases 表。使用"Insert Columns"命令，选择表，选择左连接，然后确定，第二个 Stage 也加工好了。

当添加 Products 时，数据开始变得非常有趣，因为 Products 被 3 个 Stage 指向，如图 13-25 所示。

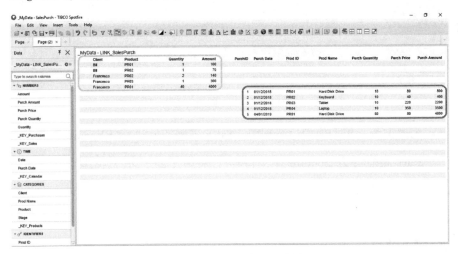

图 13-24　Purchases 表已正确导入

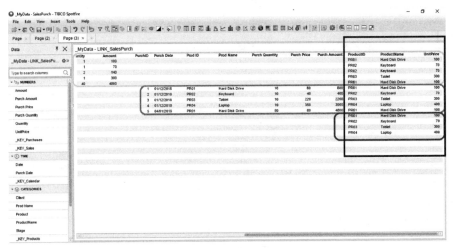

图 13-25　导入的 Products 表将连接到 4 个 Stage 中的其中 3 个

图 13-25 的右侧显示了 3 个 Stage 中都已填充了 Products。换句话说，一个左连接创建了 3 个去范式化表的联合，最终用户创建了一个连接，但是结果是连接和联合的组合。

添加 Calendar 表时，所有数据最终都已加载并准备好进行分析。导入后，Calendar 表将按预期填充除 Products 以外的所有 Stage，如图 13-26 所示。

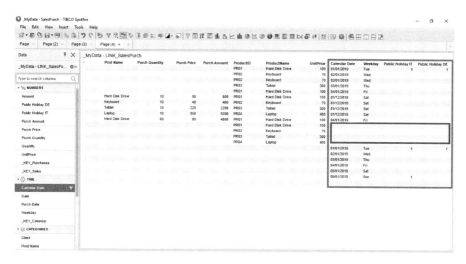

图 13-26　导入的 Calendar 表将被连接到 4 个 Stage 中的其中 3 个

加载这些表非常容易，因为最终用户不需要知道如何连接这些表，在这之前数据专家已经完成了创建 Bridge 表的工作。现在所有表都已经加载进来了，最终用户可以用来继续进行分析。

即使数据集在多对多关系中包含多个事实表，也不会出现重复或错误的计数。该解决方案已完全集成，可以进行挖掘分析了，并且可以以最大的灵活性执行自助服务分析。

此示例说明统一星型模型在没有直接连接多个事实表的复杂情况下，使用自助服务 BI 工具也是可以完成 Chasm 陷阱连接的。

第 14 章 循　环

在本章中，首先将详细了解循环和解决循环的 5 种传统技术。接下来会看到，统一星型模型方法是基于 Bridge 表的，而 Bridge 表非常自然地内嵌了联合（Union）。因此，统一星型模型方法是解决循环的一个很好的方案。最后，通过 SAP Business Objects 中的一个具体示例实现统一星型模型，最终用户从而获得真正的"自助服务式体验"。

循环是多个实体（如实体 A、实体 B、实体 C 等）形成的一种拓扑结构，如图 14-1 所示。在这种拓扑结构中，从一个实体到另一个实体间我们可以找到多条路径。

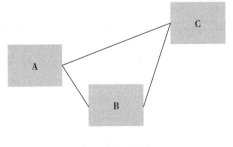

图 14-1　循环

从实体 A 到实体 B，既可以直接连接，也可以通过实体 C 形成连接，这就是一个循环。

在数据建模中，循环是最常见的挑战之一。软件提供商推出的解决方案也只能部分地解决这个问题。本章基于设计提出了一种可以与所有技术相兼容的不同的解决方案。

基于客户关系管理系统的例子

客户关系管理系统（Customer Relationship Management CRM）是一种用于处理组织与其客户之间关系（Relationship）和交互（Interaction）的系统。电子邮件、电话访问、来往交易（Eeal）、潜在商机（Opportunity）等都是交互的例子。

每个交互都包括组织的一个员工和一个客户。一个员工往往会服务多个客户，而一个客户也可能被多个员工跟踪。换句话说，客户与员工间是一种多对多关系。这就是 CRM 流程通常的工作方式。

来看一个包含 3 个事实表（即 Emails 表、Phonecalls 表和 Deals 表）的例子。每个表都指向 Customers 和 Employees 两个维表。因此，这个例子中有 3 个事实表，共享两个维表，如图 14-2 所示。

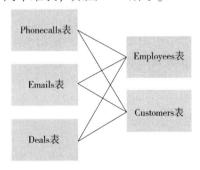

图 14-2　3 个事实表共享两个维表

在这个模型中有许多循环。比如,从 Phonecalls 表到 Employees 表,既可以直接连接,又可以通过 Customers 表和 Emails 表进行连接,也可以通过 Customers 表和 Deal 表进行连接。

如果有 5 个表,那么最多能建立 4 个连接。第 5 个连接将不可避免地形成循环。在这个例子中,基于 5 个表,有 6 个连接,这就太多了。这 6 个连接中的每一个都是包含着一些唯一信息的外键。忽略这些信息就会丢失数据,显然,这是要避免的情况。那么,怎么来解决它呢?

使用传统技术解决循环

这些年来,各种商业智能公司提出的解决方案在某种程度上都是可行的,但又都不完美,要不就是有缺陷,要不就是会引起混乱,甚至兼而有之。这些解决方案包括:

- 解决方案 1:别名 (Aliases)。
- 解决方案 2:上下文 (Contexts)。
- 解决方案 3:查询计划 (Query Plan)。
- 解决方案 4:忽略外键 (Disregarding FKs)。
- 解决方案 5:随机方法 (Ad-hoc)。

解决方案 1:别名

"别名"可以说是最常见的被每种技术都采用的一种解决方案。一个

"别名"实际就是给一个表赋予一个不同的名字。例如，在图 14-3 中，Employees 表就可以用 3 个别名来代替："Employees of Phonecalls""Employees of Emails"和"Employees of Deals"。

在大多数情况下，采用别名来消除循环的解决方案都能工作得很好。但是在某些情况下，比如下面的例子中，别名也会造成某些混淆。当数据仪表盘（Dashboard）的用户需要从多个地方而不是一个地方查询一个特定的用户时，由于存在别名，所以有可能会出现从多个"别名表"中返回同一个用户名的情况，但是这些用户名是否都是指向同一用户呢？这就可能造成混淆。更不用说过滤了，过滤导致的可能就是冲突（Conflict）。针对 Employees of Emails 表中某条特定记录的过滤，有可能导致 Employees of deals 表返回多个结果[⊖]，这也将导致混淆。

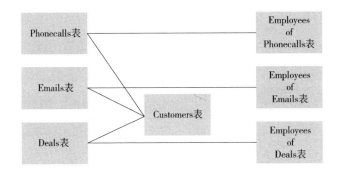

图 14-3　在任何技术中，循环都可以使用别名来解决

采用"别名"的解决方案容易构建，但是在某些场景中，用户的体验可能并不那么好。

⊖　译者注：这里作者的意思应该是，在图 14-3 中，从 Employees of Emails 表中过滤某个特定员工的记录，会返回与该特定员工有 Email 来往的所有客户，再通过这些返回的客户，从 Employees of Deals 表中过滤出多个员工（包括或不包括该特定员工），这就会导致某种混淆。因为这个过滤器是想过滤一个特定员工的相关信息，却得到了过滤多个员工的结果。

解决方案2: 上下文

在很久以前, SAP Business Objects 推出了一种称作"上下文"（Contexts）的非常巧妙的解决方案。如果在列举的例子中采用这种解决方案, 那么6个连接必须被分组到3个上下文中。一般而言, 可以说对每一个事实表都存在一个上下文。感谢 SAP Business Objects 提出的这种解决方案, 这样可以创建和维护一个单独的 Employees 表和一个单独的 Customers 表。这些表可以分别应用到不同事实表的上下文中, 比如 Phonecalls、Emails 或者是 Deals, 如图 14-4 所示。

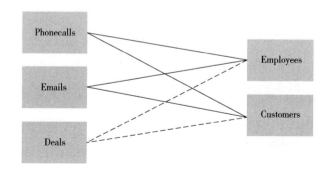

图 14-4   在 Business Objects 中, 循环可以采用上下文方式解决

但是这种解决方案有一个缺点, 在 Business Objects 软件中, 不能够同时使用多个上下文进行查询。比如, 如果用户想创建一个同时包含 Phonecalls、Emails、Employees 和 Customers 的查询, 软件就会报"不兼容的对象"（Incompatible Objects）错误, 这就是因为使用了 Phonecalls 和 Emails 两个上下文。可以在 Business Objects 软件中改变相关设置, 使得可以使用

多个上下文进行查询，但是这只会转移问题，并没有解决问题。多上下文查询可以作为多个查询来执行，最后将查询结果进行合并（merge）。但是实际上，查询结果并不能被正确地合并。

在某些情况下，基于上下文的解决方案效果良好。但在其他一些情况下，用户将很难处理"不兼容"的问题。

解决方案 3：查询计划

另一种解决方案是"查询计划"，它采用了非常特别的技术。某些 BI工具，比如 Incorta，会纳入所有的连接，而不管连接是否会产生循环。然后根据用户创建的特定视图（Particular Visualization），将某些连接自动地禁用掉。

图 14-5 所示为这种解决方案的一个示例。

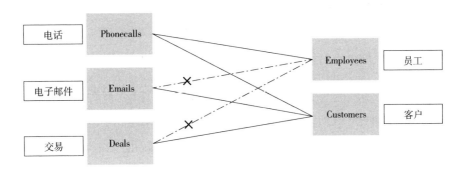

图 14-5　应用"查询计划"解决方案的一个示例

如图 14-5 所示，Emails 与 Employees 和 Deals 与 Employees 之间的两个连接已经被自动禁用了，而 Phonecalls 与 Employees 之间的连接仍处于活跃状态。这种情况可能发生的原因是这个特定的视图（Particular Visualization）关注于 Phonecalls、Employees 和可能的 Customers。

图 14-6 所示为一个基于微软 AdventureWorks 示例数据库的 Incorta 的一个数据模型。

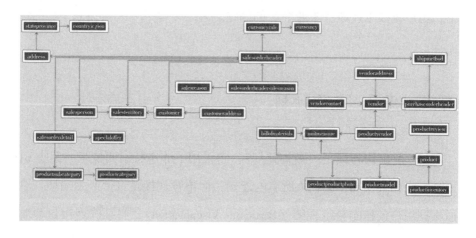

图 14-6　基于微软 AdventureWorks 示例数据库的 Incorta 的一个数据模型

这个数据模型包含 29 个表和 32 个连接。要避免循环，最大连接数应该是 28。因此，这个数据模型中一定包含着循环。

Incorta 获取所有可能的连接，理想情况下是根据源系统的外键获取连接的，也可以手工增加或编辑连接。当然，太多的连接势必导致形成循环。但是，Incorta 有一个智能引擎，可以基于用户创建的特定视图决定应该使用哪些连接，丢弃哪些连接。图 14-7 所示为 Incorta "查询计划"的一个示例。

主模型中包含很多循环，要同时使用主模型中的所有表和连接是不可能的。但是，用户报告通常只会用到所有表和连接中的一小部分，而这一小部分是可以没有循环的。每个视图都有其自己的查询计划。比如说，在

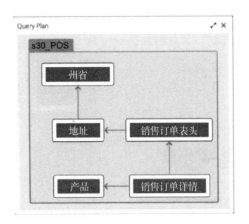

图 14-7 Incorta "查询计划" 的一个示例

这个例子中，用户创建了一个由 29 个表中的 5 个表和 32 个连接中的 4 个连接组成的视图。这 5 个表和 4 个连接没有形成任何循环，所以问题解决了。

图 14-8 所示为 29 个可用的表，并突出显示了其中 5 个被用于特定视图的表。

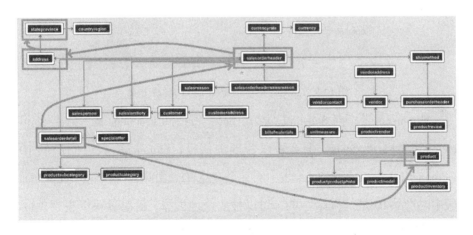

图 14-8 29 个可用的表

在这个例子中，基于查询计划的解决方案效果良好。

但还是有一个问题，即如果用户创建了会形成循环的视图会怎么样？是提示一个不兼容错误，还是自动忽略某些必要的连接？如果是后者，那么最终结果还能是正确的吗？

解决方案 4：忽略外键

不幸的是，一个非常常见的解决方案就是忽略某些现有的连接。这意味着某些外键列将不被使用。在某些情况下，由于外键有时是冗余的，因此这种解决方案也可能会起作用。但是在其他情况下，忽略外键就意味着丢失信息。

图 14-9 所示为第 9 章中的一个循环示例，该示例说明忽略外键可以是一个好的解决方案。

图 14-9 忽略外键可以是一个好的解决方案

Shipments 表指向 Sales 表，然后 Sales 表指向 Products 表。如果 Shipments 也指向 Products，那么可以合理地假设，Shipments 表中的产品 ID（ProductID）一定等于 Sales 表中的某个产品 ID。由此，可以说，Shipments 表中的产品 ID 是"冗余"的，可以被安全地去掉。此时就可以说"Shipments 表通过 Sales 表连接 Products 表"。这个解决方案很有效。

但是，在 CRM 例子中，这个解决方案就失效了。图 14-10 所示为忽略外键失效的例子。

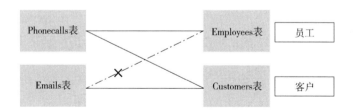

图 14-10　忽略外键失效的例子

　　聚焦于图 14-10 中的这 4 个表。Phonecalls 表中的每一行都可以告诉一条信息：某个员工在某天给某个顾客打了一个电话。Phonecalls 表有两个外键，一个指向 Employees 表，另一个指向 Customers 表。相似的，Emails 表的每一行也可以告诉一条信息：某个员工在某天给某个顾客发了一封电子邮件。Emails 表也有两个外键：一个指向 Employees 表，另一个指向 Customers 表。

　　在图 14-10 中，Emails 表到 Employees 表的直接连接被去掉了。不幸的是，在这个例子中，这个解决方案行不通了。下面解释这是为什么。

　　Emails 表中的"员工 ID"（EmployeeID）列包含了一些其他地方没有的信息，它可以告诉"谁发送了电子邮件"。不能说"Emails 表通过 Customers 表和 Phonecalls 表连接到 Employees 表"。如果采用这个逻辑，就意味着给某个用户发送了一封电子邮件的员工同时也给这位用户打过电话。这个假设是不成立的。而且，Phonecalls 表和 Customers 表是左关联关系，这意味着一个用户可以接到多个员工打来的多个电话[○]。因此，这个解决方

　　[○]　译者注：作者在这里想表达的实际意思是，Emails 表中的员工 ID 列包含了"谁发送的电子邮件"的信息，而 Phonecalls 表中的员工 ID 列包含的是"谁拨打的电话"的信息，这两者并不等同。如果去掉了 Emails 表与 Employees 表间的连接，就不能通过 Emails 表和 Customers 表间的连接、Customers 表与 Phonecalls 表间的连接、Phonecalls 表与 Employees 表间的连接推断出 Emails 表和 Employees 表间连接代表的信息。

案根本不起作用。

通常来说，"忽略外键"就意味着"丢失数据"，所以建议不要使用这种解决方案。

解决方案 5：随机方法

不幸的是，解决循环问题最常见的解决方案是随机方法。这意味着，对于每个新的业务需求都会有一个开发者使用 BI 工具编写新的查询或者构建新的报表。"使用哪个连接"的决定是由开发者根据具体情况做出的。

当获得一个新业务需求后，开发者可能会去找一个完成过的类似项目，创建该项目的副本，并根据新的业务需求调整副本。

当然，这是不推荐的解决方案，因为每个新的业务需求最终会演变为一个需要维护的新的独立项目。随机的处理方法实际上就是今天每个组织都会有数百个项目的原因。这些项目都非常类似，但又都有细微的不同，组织中没有人可以知道到底该用哪一个。

至此，想建立一种可以满足所有潜在业务需求的基础数据结构。

用联合（Union）来处理循环

联合是处理循环的最好办法，也确实是解决好多难题的最好方案。

有 3 个事实表：Emails 表、Phonecalls 表和 Deals 表。如果通过联合把它们合并起来，那么模式就变得非常简单，也没有循环，如图 14-11 所示。

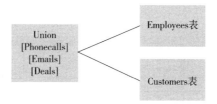

图 14-11 如果将 3 个表合并成一个表，模式就变得非常简单，也消除了循环

请注意，3 个事实表不能够采用关联（join）的方式进行合并，因为它们之间是多对多关系，必须避免多对多关系的关联。

3 个表必须采用联合的方式合并。

下面通过图形化的方式来了解一下这个解决方案，先看看这 3 个事实表。图 14-12 所示为 Phonecalls 表，图 14-13 所示是 Emails 表，而图 14-14 所示是 Deals 表。

Call Date	Employee ID	Customer ID	Call Status	Topic	Long description
01-Jan	Emp1	A	Busy	Sell new insurance	Busy
02-Jan	Emp1	A	Answered	Sell new insurance	Was not interested
02-Jan	Emp2	B	No answer	Phone survey	No answer
03-Jan	Emp2	B	Answered	Phone survey	Survey completed
03-Jan	Emp2	C	Answered	Phone survey	She declined the survey
...	...	...	...	...	...

图 14-12 Phonecalls 表

Sent Date	Employee ID	Customer ID	Subject	Body
01-Jan	Emp1	C	Email survey	Dear Customer, ...
01-Jan	Emp1	D	Email survey	Dear Customer, ...
01-Jan	Emp1	E	Email survey	Dear Customer, ...
02-Jan	Emp3	A	Incident 1234 solved	We have solved...
...	...	...	...	...

图 14-13 Emails 表

Employee ID	Customer ID	Signed Date	Valid From Date	Link to Doc
Emp4	A	15-Jan	01-Jul	https://docs..
Emp4	F	15-Jan	01-Apr	https://docs..
Emp4	G	15-Jan	01-Jul	https://docs..
...	...	...	...	...

图 14-14 Deals 表

图 14-15 所示的是上面 3 个事实表联合后的结果。

Source	Date	Employee ID	Customer ID	Call Status	Topic	Long description	Subject	Body	Valid From	Link to Doc
Phonecalls	01-Jan	Emp1	A	Busy	Sell new insurance	Busy				
Phonecalls	02-Jan	Emp1	A	Answered	Sell new insurance	Was not interested				
Phonecalls	02-Jan	Emp2	B	No answer	Phone survey	No answer				
Phonecalls	03-Jan	Emp2	B	Answered	Phone survey	Survey completed				
Phonecalls	03-Jan	Emp2	B	Answered	Phone survey	She declined the survey				
Emails	01-Jan	Emp1	C				Email	Dear....		
Emails	01-Jan	Emp1	D				Email	Dear....		
Emails	01-Jan	Emp1	E				Email	Dear....		
Emails	02-Jan	Emp3	A				Incident	We have		
Deals	15-Jan	Emp4	A						01-Jul	https://docs..
Deals	15-Jan	Emp4	F						01-Apr	https://docs..
Deals	15-Jan	Emp4	G						01-Jul	https://docs..
...	...	...	...							

图 14-15　3 个事实表联合后的结果

请注意图 14-15 中框出的两列。Employee ID 列中的数据实际上是由 3 个事实表中 Employee ID 列的数据堆积而来。因此，实际是将 3 个表中的 3 个 Employee ID 列合并成了一列。Customer ID 列也是如此，该列中的数据是由 3 个事实表中 Customer ID 列的数据堆积而来。

> 由于减少了表的数量，从而减少了所需的连接数量，因此联合可以解决循环的问题。连接并没有丢失，它们只是被堆积起来了。

联合也存在两个缺点：第一，它不是用户友好的；第二，通过联合得到的表只是将数据混合起来，并不能代表一个特定的业务实体。

统一星型模型如何解决循环问题

统一星型模型基于联合的方法，又优于联合的方法，因为它更易用，也不会混合表。

如果采用统一星型模型，那么用户只需创建左连接（Left Join）就可以解决循环问题。在这个场景背后，实际上是将连接（Join）和联合（Union）进行了组合。另外，BI 工具还创建了一个自动聚合⊖。这样一来，前面 CRM 例子的模式就可以变为图 14-16 所示的统一星型模型。在这个模型中，没有循环。

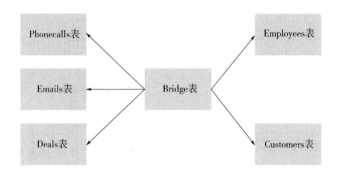

图 14-16　循环问题的统一星型模型

本来有 6 个连接，现在只有 5 个了，那么这是否意味着丢失了一个连接呢？肯定没有。在图 14-16 中所看到的 5 条线仅仅是连接了事实表、维表和 Bridge 表。也可以把这些连接称作"一般连接"（Trivial Connections）。但是真正关于"谁指向什么"的信息实际内含在 Bridge 表里。

现在近距离地观察一下 Bridge 表。如果有 5 个表，那么 Bridge 表就有 5 段（Stage）6 列。如图 14-17 所示，Bridge 表中包含了前面会形成循环的 6 个连接。

Bridge 表结构都很相似。每张表显示为一个 Stage，仅在该表有效的外

⊖　译者注：作者这里要说明的是统一星型模型采用 Bridge 表解决循环的过程。在图 14-16 中，Bridge 表和事实表（Phonecalls 表、Emails 表、Deals 表）与维表（Employees 表、Customers 表）建立的是左连接关系；Bridge 表内部通过联合将原有的 6 个连接整合到一起；而 BI 工具在生成 Bridge 时，采用聚合的方式将连接数据放入 Bridge 表中。

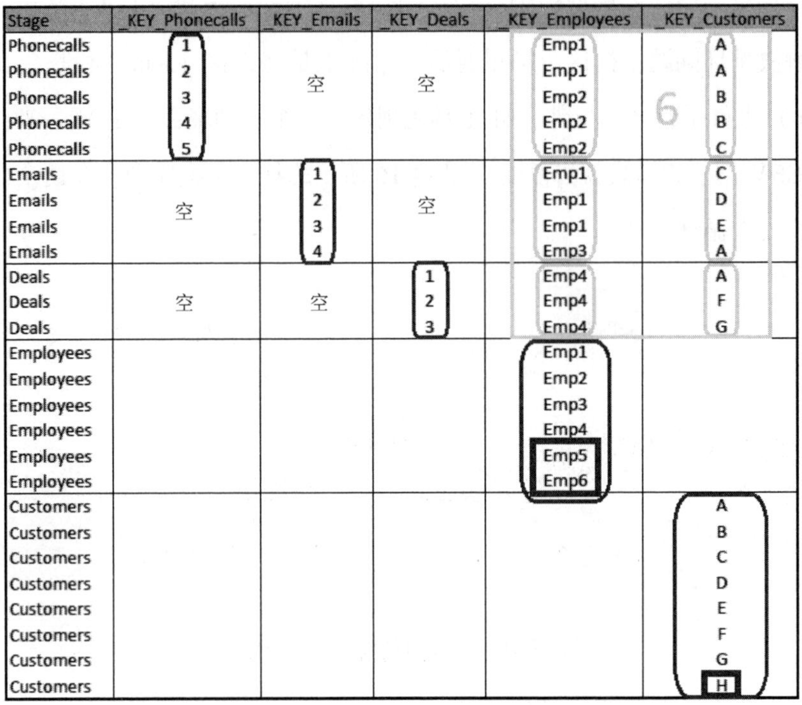

Stage	_KEY_Phonecalls	_KEY_Emails	_KEY_Deals	_KEY_Employees	_KEY_Customers
Phonecalls	1	空	空	Emp1	A
Phonecalls	2			Emp1	A
Phonecalls	3			Emp2	B
Phonecalls	4			Emp2	B
Phonecalls	5			Emp2	C
Emails	空	1	空	Emp1	C
Emails		2		Emp1	D
Emails		3		Emp3	E
Emails		4		Emp3	A
Deals	空	空	1	Emp4	A
Deals			2	Emp4	F
Deals			3	Emp4	G
Employees				Emp1	
Employees				Emp2	
Employees				Emp3	
Employees				Emp4	
Employees				Emp5	
Employees				Emp6	
Customers					A
Customers					B
Customers					C
Customers					D
Customers					E
Customers					F
Customers					G
Customers					H

图 14-17　Bridge 表中包含了前面会形成循环的 6 个连接

键列中填充数据。代表 Employees 表和 Customers 表的 Stage 保证了全连接效果一切如常。

对于"Bridge 表中的外键",本文的分析将使读者对统一星型模式的机制有一个全面的了解。

将图 14-17 中的每个单元格称为"块"(Block)。如果不考虑 Stage 列(去掉表首行),那么总共有 25 个块,其中仅有 11 个块填充了数据。请稍微花费一点时间来观察和计算这 11 个填有数据的块。

图 14-17 中右上角的 6 个块对应着本章最开始的图 14-2 中的 6 个连接。这 6 个"真实连接"(Real Connections)实际代表着"谁指向了什么"。

剩下位于对角线上的 5 个块是"一般连接"。这就是图 14-16 中的 5 个连接，也是用户实际需要在 BI 工具中实现的连接。

> 采用统一星型模型方法，用户将只需实现"一般连接"。代表"谁指向什么"的"真实连接"已经内嵌在 *Bridge* 表中了。

采用 SAP Business Objects 实现统一星型模型

在 Business Objects 软件中，表间连接是由被称作"Universe"⊖的环境来定义的。用户并不用去处理它。因此，理论上说，用户根本不需要关心表间连接的事。

然而事情并不会那么简单。

主要问题在于，在传统的维度建模中，根据业务需求可以有多种连接表的方法，这就会导致创建多个 Universe，而对用户而言，他们很难选择应该使用哪个 Universe。

此外，在传统维度建模中，循环其实从未真正得到解决过。解决循环的方法主要取决于开发者的创造力，或者在某些情况下取决于使用的技术。如人们所知，Business Objects 就提出了一种名为"上下文"的解决方案。

⊖ 译者注：SAP Business Objects 的 Universe 是用于建立实体（表）关系的一个类似画布的工具。用户可以通过 Universe 在数据库和报表工具之间创建语义层，从而有助于执行即席报告（Ad-hoc Report）及隐藏数据库对象的复杂性。

下面从采用传统的上下文技术解决循环开始。图 14-18 所示为名为"Phonecalls"的上下文，包含了两条突出标记的关联：Phonecalls-Employees 和 Phonecalls-Customers。

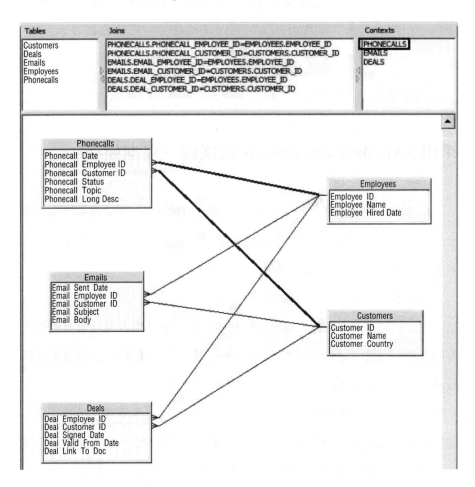

图 14-18　名为"Phonecalls"的"上下文"

当用户创建一个包含 Phonecalls 表、Employees 表和 Customers 表的数据的查询时，SAP Business Objects 的 Universe 工具会使用"Phonecalls"上下文去自动地解析查询。到目前为止，感觉还不错。

但是，如果用户决定向查询中增加来自于 Emails 表或 Deals 表的对象，就会出现"不兼容"问题，如图 14-19 所示。

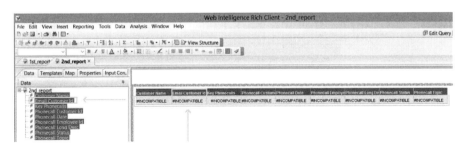

图 14-19　一旦增加任何不属于该上下文的对象时，这些对象就变得"不兼容"

列"Email Customer ID"来自 Emails 表，因而这个表需要使用一个不属于"Phonecalls"上下文的关联。就是这个原因，需要创建一个独立的查询。但是这样，两个查询的对象就会变得"不兼容"，因而也就不能够在同一个可视化界面中呈现。

照理说，用户应该可以自由地拖放所有对象：工具将为每个拖放操作创建一个独立的查询，所有的对象都可用于可视化呈现。但实际上，根据用户最初的可视化选择，某些对象将被标记为"不兼容"，如图 14-20 所示。

在 Business Objects 中，采用上下文的方法，用户只是获得了有限的自由。这个解决方案只有在最终用户对底层模式有技术理解的情况下才有效，当然，不能期望业务用户具有这方面的技术能力。由于带有循环的报表常常是由数据专家创建的，因此，一旦遇到这样的报表，业务用户就无法获得真正的自助 BI 体验。

现在来实现基于统一星型模型的解决方案。

有了统一星型模型，一切都变得简单了，不再有不兼容的对象组合。用户可以无风险地拖放他们需要的所有对象。图 14-21 所示为在 Business Objects 中实现统一星型模型的情况。

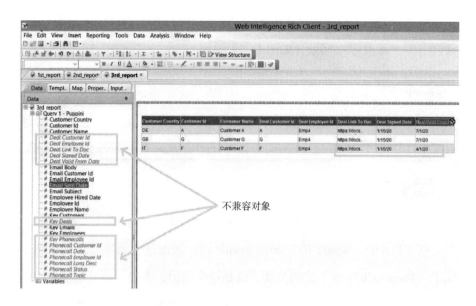

图 14-20　一些对象是相互间不兼容的

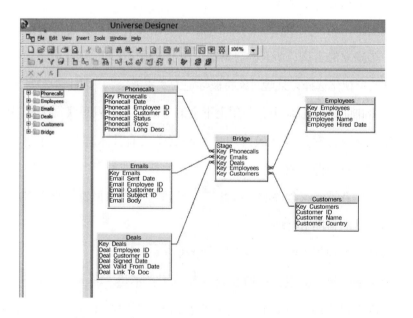

图 14-21　在 Business Objects 中实现统一星型模型

在 Business Objects 中，统一星型模型看上去一如既往，Bridge 表在中间，其他所有的表围绕在 Bridge 表周围。

图 14-22 所示为一个用户报告，其中所有可用的列都可用于可视化，也可以用于计算采用统一星型模型方法，一切都相互兼容了。

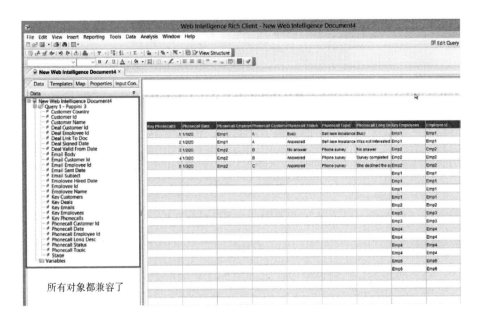

图 14-22　采用统一星型模型方法，一切都相互兼容了

采用统一星型模型方法，用户可以自由地拖放他们需要的所有对象，没有任何限制。即使存在循环，一切也都相互兼容。业务用户能够拥有真正的"自助体验"。

第 15 章　非一致粒度

在本章中，通过示例来了解非一致粒度。当模型维度为非一致时，创建商业智能解决方案就会面临很大的挑战，传统的方法是创建即席查询或构建未集成的仪表盘。而通过了解可知，统一星型模型介绍了一种称为"重新范式化"的解决方法，该方法的好处是仅在统一星型模型的准备阶段需要开发人员，且不依赖业务需求，因此最终用户可自由实现个性化报告和仪表盘。

到目前为止，前面章节中介绍的示例，它们都具有相同粒度的事实和维度。在"多事实"的示例中，Sales 表和 Purchases 表都使用 Product ID 来引用产品。同样的，在 CRM（客户关系管理）的实例中，可以看到：3 个事实表（Phonecalls 表、Emails 表和 Deals 表）都是通过 Employee ID 和 Customer ID 来引用员工和客户的。这些都是"一致粒度"的示例。

对于多事实查询，数据社区中普遍认为粒度必须是一致的，因为这是可以比较和计算事实的唯一方法。但是，如果采用统一星型模型的方法，那么情况就会有所不同。

如果采用统一星型模型方法，就不需要一致粒度。

基于 Sales 表和 Targets 表的示例

Sales 表和 Targets 表在本质上粒度是不一致的。

许多组织为销售设定了目标，但是目标绝没有销售那样详细。通常情况下，不会为每个客户设定目标，而是为一组客户（如国家）设定目标。同样的，也不会为每个产品设定目标，而是为一组产品（如产品线）设定目标。

Sales 和 Targets 是两个事实表，它们都会引用 Clients 表和 Products 表，但是粒度不同。现在的问题是如何将这 4 个表连接在一起，如图 15-1 所示。

图 15-1　如何将 Sales 表、Targets 表、Clients 表和 Products 表连接起来

将 Sales 表连接到 Clients 表和 Products 表很容易，因为 Sales 表包含了 Client ID 和 Product ID。问题在于 Targets 表，它应该如何与其他 3 个表集成在一起，如图 15-2 所示。

有经验的开发人员通过将 Sales 表汇总到 Targets 表的粒度来解决这个问题。虽然此解决方案有效，但有一个缺点：当想下钻到 Sales 表的详细信息时，必须创建一个新的单独的查询，而且这两个查询不会联动。当最终用户在第一个查询中创建过滤器时，该过滤器将不会自动应用于第二个查询中，他必须手动创建。换句话说，这两个查询"不互相交谈"。此外，希望避免每次最终用户一遇到新问题就需要开发人员，这实际上是想要消除的即席查询方法。

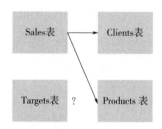

图 15-2　挑战在于如何将 Targets 表和其他 3 个表连接起来

最终用户可能想查看销售额与目标的对比。此外，他们可能想查看销售的详细信息；所有的客户，无论他们是否购买了产品；所有产品，无论产品是否已售出。他们还可能希望在复式表格中按产品线和国家查看销售额与目标的百分比，等等。

这些都是常见的报告示例。通常，一个新的业务需求在组织中都需要经过以下过程：制定预算、分配资源、编写文档、组织会议、等待、开发、测试、检测错误、再次等待、再次测试等。一旦提交报告，还需要对其进行维护。如果报告很多，那么最终用户将开始感到困惑。在某种程度上，没有人知道某个特定的报告是否还在使用，但为了安全起见，即使没有人使用它们，废弃的报告也将继续保留。这是痛苦且昂贵的。

因此，在不使用临时解决方案且每次出现新问题时都不必依赖开发人员的情况下，可以以不同的粒度级别来集成多个事实表。

了解挑战

图 15-3 所示为 Clients 表。请注意,"Country Name" 列为去范式化列。最有可能的是,在原始交易系统中有一个单独的参考表称为 "Countries",其中每个国家仅出现一次。换句话说,可以认为原始交易系统可能属于第三范式,然而图 15-3 所示的表显然不是。

Client ID	Client Name	Client Segment	Country ID	Country Name
CL01	Client 01	Standard	US	United States
CL02	Client 02	Standard	US	United States
CL03	Client 03	Gold	MX	Mexico
CL04	Client 04	Gold	IT	Italy
CL05	Client 05	Standard	IT	Italy
CL06	Client 06	Gold	IT	Italy
CL07	Client 07	Standard	ES	Spain
CL08	Client 08	Gold	ES	Spain
CL09	Client 09	Standard	ES	Spain

图 15-3　Clients 表

图 15-4 所示为 Products 表。请注意,"Product Line Name" 这一列也是去范式化列。最有可能的是,在原始交易系统中有一个单独的参考表称为 "ProductLines",其中每个产品仅出现一次。换句话说,可以认为原始交易系统属于第三范式,然而图 15-4 所示的表显然不是。

Product ID	Product Name	Product Line Code	Product Line Name
PR01	Prod1	C	Clothing
PR02	Prod2	C	Clothing
PR03	Prod3	C	Clothing
PR04	Prod4	A	Accessories
PR05	Prod5	A	Accessories
PR06	Prod6	A	Accessories

图 15-4　Products 表

图 15-5 所示为 Sales 表。在图 15-5 中，Sales 表由显示的 5 个白色背景的列组成。但是，这 5 列中没有一列包含指向 Targets 表的外键。

因此，在数据转换过程中需要创建灰色的列。目的是在 Sales 表内创建指向 Targets 表的附加列"Target Key"。即使采用传统方法，此步骤也是被推荐的。Sales 表和 Targets 表之间是一对多的关系，不幸的是这两个表经常被视为多对多的关系。

Sales ID	Sales Date	Client ID	Country ID	Product ID	Product Line	Target Key	Sales Amount
1	01-Jan	CL01	US	PR01	C	US-C	100
2	02-Jan	CL02	US	PR02	C	US-C	100
3	03-Jan	CL03	MX	PR03	C	MX-C	100
4	04-Jan	CL04	IT	PR04	A	IT-A	100
5	05-Jan	CL05	IT	PR05	A	IT-A	100
6	06-Jan	CL06	IT	PR01	C	IT-C	100
7	07-Jan	CL07	ES	PR02	C	ES-C	100
8	08-Jan	CL08	ES	PR03	C	ES-C	100
9	09-Jan	CL01	US	PR04	A	US-A	100
10	10-Jan	CL02	US	PR05	A	US-A	100
11	11-Jan	CL03	MX	PR01	C	MX-C	100
12	12-Jan	CL04	IT	PR02	C	IT-C	100
13	13-Jan	CL05	IT	PR03	C	IT-C	100
14	14-Jan	CL06	IT	PR04	A	IT-A	100
15	15-Jan	CL07	ES	PR05	A	ES-A	100
16	16-Jan	CL08	ES	PR01	C	ES-C	100
17	17-Jan	CL01	US	PR02	C	US-C	100
18	18-Jan	CL02	US	PR03	C	US-C	100
19	19-Jan	CL03	MX	PR04	A	MX-A	100
20	20-Jan	CL04	IT	PR05	A	IT-A	100

图 15-5　Sales 表

图 15-6 所示为 Targets 表。通过该表，可看出组织为国家和产品线的每种组合都设定了目标。因此，Targets 表中的每一行都由"Country ID 和"Product Line"这两列组合成唯一标识。为避免使用组合键，可在 Targets 表中创建一个附加列"Target Key"。这是在传统方法中也经常推荐的关于转换的另一个示例。将主键合并到一个单独的列中通常是一个好实践。

Country ID	Product Line	Target Key	Target Amount
US	C	US-C	40,000
US	A	US-A	20,000
MX	C	MX-C	30,000
MX	A	MX-A	15,000
IT	C	IT-C	20,000
IT	A	IT-A	10,000
ES	C	ES-C	14,000
ES	A	ES-A	5,000

图 15-6　Targets 表

现在，这两个事实表已经准备好：Sales 表可以很容易地指向 Targets
表。Sales 表像猎人，Targets 表像猎物。这 4 个表的关系如图 15-7 所示。

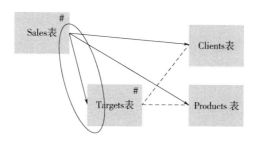

图 15-7　4 个表的关系

现在已经前进了一步，但是数据准备过程尚未结束。Targets 表是通过
虚线连接到各个维度的，这是因为 Targets 表是需要关联到 Clients 表和
Products 表的，但现在是做不到的。Targets 表没有 Client ID 或 Product ID。
Targets 表实际上是在使用这两个维度，只是粒度不同，聚合程度更高。

如果通过 "Country ID" 列将 Targets 表连接到 Clients 表，那么这将是
多对多关系，因为 "Country ID" 列在 Clients 表中不是唯一的。同样，如
果通过 "Product Line" 列将 Targets 表连接到 Products 表，那么这也是多对
多关系，因为 "Product Line" 列在 Products 表中不是唯一的。但是，众所
周知的是，必须避免多对多的连接。

一些开发人员通过一个很有趣的方法来解决此问题：添加一个新列，在其中创建"随机但适当"的外键，如图 15-8 所示。

Country ID	Product Line	Target Key	Target Client ID	Target Product ID	Target Amount
US	C	US-C	CL02	PR02	40,000
US	A	US-A	CL02	PR05	20,000
MX	C	MX-C	CL03	PR02	30,000
MX	A	MX-A	CL03	PR05	15,000
IT	C	IT-C	CL05	PR02	20,000
IT	A	IT-A	CL05	PR05	10,000
ES	C	ES-C	CL08	PR02	14,000
ES	A	ES-A	CL08	PR05	5,000

图 15-8　创建"随机但适当"的外键技术

现在 Targets 表有两个新列："Target Client ID" 和 "Target Product ID"。由于 Targets 表没有如此详细的粒度，所以这听起来很奇怪。对于 "Country ID" 的 IT（Italy），开发人员选择了 "Target Client ID" 的 CL05。为什么选择 CL05？这是一个随机选择，但因为 CL05 来自 Italy，所以它是合适的。或者也可以选择 CL04 或 CL06，但不能选择其他内容。对于服装产品线，开发人员选择了 "Target Product ID" 的 PR02。为什么选择 PR02？这是一个随机选择，但由于 PR02 是衣服的产品，所以它是合适的。或者，也可以选择 PR01 或 PR03，但不能选择其他内容。

该解决方案的效果很好，但是不建议这样做，因为它不是一个非常"干净"的解决方案。用户体验将不是完美的：当最终用户在过滤器上选择 CL05 时，将出现仅与 CL05 关联的目标数量，但是这并没有反映出真实情况。

在本章中提出的解决方案完全不同，并且要好得多。

再次看下图 15-7 中的 4 个表。在此数据模型中，可以注意到循环的风险。一旦在 Targets 表和两个维度表（Clients 表、Products 表）之间建立连接，将会有 4 个表和 5 个连接。使用 4 个表，最多可以建立 3 个连接，那么第 4 和第 5 个连接将不可避免地创建了循环。

Targets 表包含很多度量，并且被 Sales 表分解。因此，Sales 表和 Targets 表构成了扇形陷阱。仅使用这 4 个表，也可以检测很多问题：

1）扇形陷阱。

2）多对多关系。

3）循环。

4）非一致粒度。

应该如何解决以上的问题呢？正如在前几章中所看到的，统一星型模型可以解决前 3 个问题。"非一致粒度"是一个新的挑战，将通过"重新范式化"来解决。

重新范式化

"数据"一词来自拉丁语，意思是"给定"。

在许多情况下，收到的数据已经被去范式化了，这意味着收到的是"连接表"。通常，出于友好，这些表被关联到一起，因为在数据社区中，人们普遍认为商业智能应该使用去范式化表。

但是去范式化表会导致很多问题且有局限性。可以通过与"乐高"类比来解释这个概念。

想象一下你买了一盒乐高。当你打开它时，发现其中一些部件被粘连在一起了，你会觉得开心吗？图 15-9 所示为乐高积木的粘连块和自由块。

粉连块   自由块

图 15-9　乐高积木的粘连块和自由块

如果这些部件被粘连在一起了，那么在乐高的搭建中你的自由度是极其有限的。

对于数据，也会发生相似的事情：如果收到去范式化的表，那么就有点像收到粘连的乐高积木。请记住以下内容："去范式化"等同于"粘连"，而"范式化"等同于"自由"。

解决方法非常简单：拆开粘连块！

将去范式化表转换为原始范式化表的特殊过程被称为"重新范式化"。重新范式化意味着"拆开粘连块"。示例如图 15-10 所示。

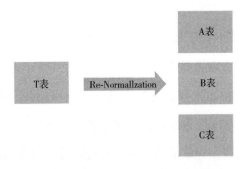

图 15-10　T 表重新范式化为原始表 A 表、B 表、C 表

字母"T"代表"已经转换的"。T 是去范式化表，而 A 表、B 表和 C 表是原始表。

重新范式化在商业智能中是一个不同寻常的过程，在处理非一致粒度中起着非常重要的作用，因此此处介绍重新范式化。

原始表（A 表、B 表和 C 表）到表 T 的转换是不可逆的，因为表 T 可能会丢失一些数据。要回滚这个过程，就要面临一个真正的挑战：如何恢复丢失的数据？

有两种选择可以应对这一挑战，要么与数据提供者沟通来接收原始的范式化表，要么自己重新范式化它们，但要意识到某些信息是不可能被还原的。

第一种选择较好，但通常需要经过一个缓慢的决策过程。数据提供者很可能会告诉用户这是不可能的，尽管实际上这是可能的。在这种情况下，我可以选择第二种方法：撤销某些人已完成的工作，拆开这些粘连块。

要清楚一点：去范式化表有时是可以满足需要的。如果将零件粘接成一个城堡的形状，同时想建造的就是这样的一个城堡，那么这一切都是可以的。但总的来说，重新范式化只需很少的工作，它可以带给充分的自由。同样建造一座城堡，但也可以用自己期望的方式去做。

有些人可能认为维度的重新范式化将导致变成雪花模型，但事实并非如此。统一星型模型始终是星型模型，而不是雪花模型。Targets 表与 Countries 表之间的连接，以及 Targets 表与 ProductLines 表之间的连接都将通过 Bridge 的方式。使用统一星型模型方法时，每个关系都需要是一对多的，它将由 Bridge 表来处理。

现在介绍如何拆开粘连块。

Clients 表拆分为两个表，即 Clients 表和 Countries 表，如图 15-11 所示。

此时，Countries 表已与 Clients 表分离，Countries 表已经重新范式化了。

Clients 表:

Client ID	Client Name	Client Segment	Country ID
CL01	Client 01	Standard	US
CL02	Client 02	Standard	US
CL03	Client 03	Gold	MX
CL04	Client 04	Gold	IT
CL05	Client 05	Standard	IT
CL06	Client 06	Gold	IT
CL07	Client 07	Standard	ES
CL08	Client 08	Gold	ES
CL09	Client 09	Standard	ES

Countries 表:

Country ID	Country Name
US	United States
MX	Mexico
IT	Italy
ES	Spain
AF	Afghanistan
AL	Albania
DZ	Algeria
...	...

图 15-11　Clients 表拆分为 Clients 表和 Countries 表

请注意，如果能从数据提供者那里收到原始范式化表，那么还将能够看到在去范式化过程中丢失的那些国家信息，如阿富汗、阿尔巴尼亚和阿尔及利亚。然而，如果自己创建重新范式化，那么将只能获得图 15-11 中的虚线以上所示的这些国家，因为其他国家无法恢复。

Products 表也拆分为两个表，即 Products 表和 ProductLines 表，如图 15-12 所示。

Products 表:

Product ID	Product Name	Product Line Code
PR01	Prod1	C
PR02	Prod2	C
PR03	Prod3	C
PR04	Prod4	A
PR05	Prod5	A
PR06	Prod6	A

ProductLines 表:

Product Line Code	Product Line Name
C	Clothing
A	Accessories
X	Special

图 15-12　Products 表拆分为 Products 表和 ProductLines 表

在这种情况下，可以说 ProductLines 表已重新范式化。如果能从数据提供者那里收到原始范式化表，则可能会发现一条本来会丢失的产品线"X"，这一点尤为重要，因为国家列表始终可以在网络上找到，而组织中的产品线的列表是无法这样找到的。

现在粘连块已经拆开，可以建造城堡了。

在图 15-13 中，可以看到经重新范式化后"重新设计"的数据源。

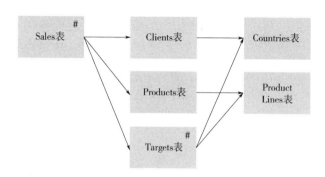

图 15-13　重新范式化的数据源的模型

使用重新范式化完全消除了 Targets 表与维度之间"多对多"的连接，并且避免了"随机但适当"的外键。现在，Targets 表指向 Countries 表和 ProductLines 表，这些连接都是正确的，因为它们是一对多的关系。Targets 表的每一行都仅与 Countries 表的一行（一个国家）相关联。Targets 表的每一行都仅与 ProductLines 表的一行相关联。Targets 是猎人，两个维度是猎物。Targets 表在左侧，两个维度在右侧，全部正确。

请注意，正如预期的那样，该结构包含一些循环。目前有 6 个表和 7 个连接，但这并不是问题，在第 14 章中，已经说明了统一星型模型方法是如何解决循环问题的。

已经重新范式化了数据源，现在准备构建统一星型模型。

统一星型模型怎样解决非一致粒度

统一星型模型的结构都是相同的，通过 Bridge 表指向其他的所有表，如图 15-14 所示。

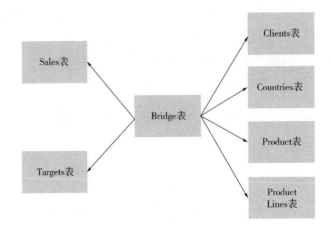

图 15-14　统一星型模型的结构

有了统一星型模型，就不需要一致粒度了。通过重新范式化的过程，可以非常简便地构建能够处理不同粒度的统一星型模型。

请注意，图 15-14 中的模型未遵循 ODM 约定。当需要解释复杂的数据源时，ODM 约定是有用的。现在工作已完成，可以自由安排数据模型，因为在任何情况下 Bridge 表始终是"猎人"，而其他所有表都是"猎物"。

图 15-15 所示为基于非一致粒度的 Bridge 表。

销售 Stage 的表具有指向原始维度（Clients 表和 Products 表）的键，也具有新的重新范式化的维表（Countries 表和 ProductLines 表）的键。

将"派生键"称为那些在重新范式化之后需要添加的键。在 Sales Stage，列"_KEY_Countries"和列"_KEY_ProductLines"表示派生键。

它们之所以被称为"派生"，是因为它们通常无法以显式方式获得，我们必须对其进行"派生"。对于每个"_KEY_Clients"，都有唯一的"_KEY_Countries"与之对应。对于每个"_KEY_Products"，都有唯一的

Stage	KEY_Sales	_KEY_Targets	KEY_Clients	KEY_Countries	KEY_Products	KEY_ProductLines
Sales	1	US-C	CL01	US	PR01	C
Sales	2	US-C	CL02	US	PR02	C
Sales	3	MX-C	CL03	MX	PR03	C
Sales	...	...	...		...	
Sales	19	MX-A	CL03	MX	PR04	A
Sales	20	IT-A	CL04	IT	PR05	A
Targets		US-C		US		C
Targets		US-A		US		A
Targets		MX-C		MX		C
Targets		MX-A		MX		A
Targets		IT-C		IT		C
Targets		IT-A		IT		A
Targets		ES-C		ES		C
Targets		ES-A		ES		A
Clients			CL01	US		
Clients			CL02	US		
Clients			CL03	MX		
Clients			CL04	IT		
Clients			CL05	IT		
Clients			CL06	IT		
Clients			CL07	ES		
Clients			CL08	ES		
Clients			CL09	ES		
Countries				AD		
Countries				AF		
Countries				...		
Countries				ES		
Countries				IT		
Countries				MX		
Countries				US		
Products					PR01	C
Products					PR02	C
Products					PR03	C
Products					PR04	A
Products					PR05	A
Products					PR06	A
ProductLines						A
ProductLines						C
ProductLines						X

图 15-15　基于非一致粒度的 Bridge 表

"_KEY_ProductLines"与之对应。可以通过简单的查找来实现"派生"操作，类似于 Excel 中的 VLOOKUP 功能。这是一项额外的工作，但是收益颇多，能够以操作简单且功能强大的方式处理非一致粒度。

请注意，"_KEY_Countries"仅在 Sales Stage 是派生键。在其他 Stage，"_KEY_Countries"是普通键，因为它已经以显式方式存在，无须再通过查找来派生。"_KEY_ProductLines"也是如此，它仅在销售 Stage 是派生键。

QlikView 实现

下面介绍一个基于 QlikView 的实际案例。图 15-16 所示为在 QlikView 中实现的统一星型模型。

图 15-16 看起来像传统的星型模型，但事实并非如此，Sales 表和 Targets 表是两个事实表。在传统的维度建模中，它们将位于两个不同星型模型的中心。Products 表和 ProductLines 表是两个相同级别的维度。使用传统的维度建模，它们可能会形成雪花模型。同样，Clients 表和 Countries 表也是两个相同级别的维度。因此，从图形上看，它看起来像传统的星型模型，但实际上并没有将传统维度建模的任何一个规则应用于此方案。

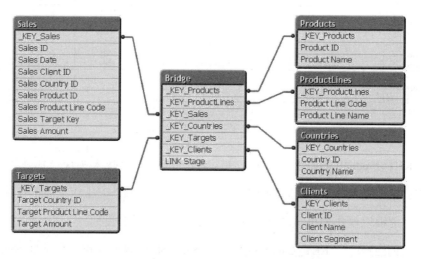

图 15-16 在 QlikView 中实现的统一星型模型

使用这个解决方案，无须将 Sales 表聚合到 Targets 表的粒度，完全可以使用 "Sales 表" 来进行下钻查询。同时，这也不依靠开发人员，因为最终用户可以很轻松地构建他们的仪表盘。所有连接将通过 Bridge 表和统一星型模型的命名约定来自动处理。

这个解决方案对最终用户的帮助是巨大的。他们不仅可以在一个仪表盘上找到多个结果，而且还可以从“完全集成”中受益。换句话说，如果使用了过滤器，则无论表是否处于不同的粒度级别，该过滤器都会同时应用于所有其他仪表盘和报告。通过重新范式化的过程，这些都成为可能。

通过下面的内容来更好地解释此功能。

在一个查询中，通过统一星型模型的方法，一个仪表盘可以获得多个结果，如图 15-17 所示。也就是说，将多个报告集成到一个页面中。

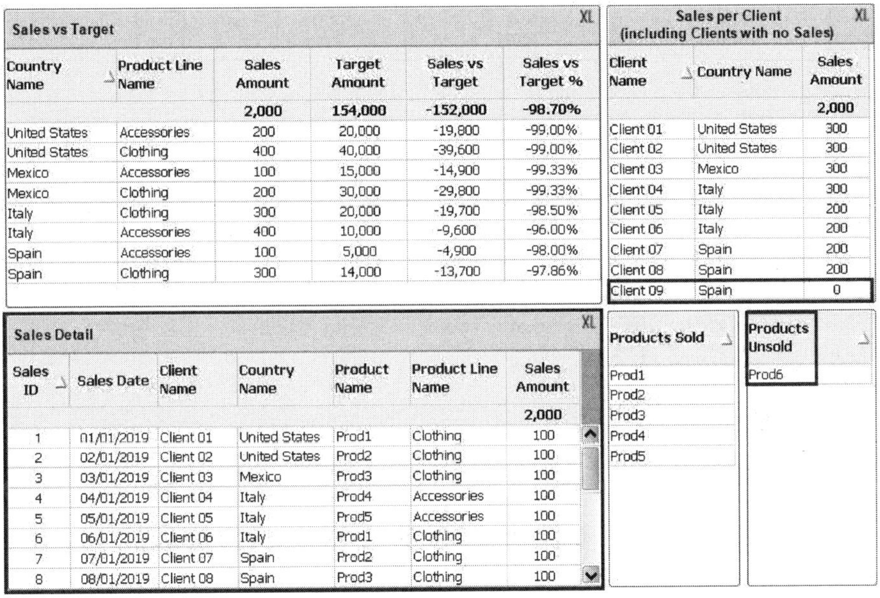

Sales vs Target

Country Name	Product Line Name	Sales Amount	Target Amount	Sales vs Target	Sales vs Target %
		2,000	154,000	-152,000	-98.70%
United States	Accessories	200	20,000	-19,800	-99.00%
United States	Clothing	400	40,000	-39,600	-99.00%
Mexico	Accessories	100	15,000	-14,900	-99.33%
Mexico	Clothing	200	30,000	-29,800	-99.33%
Italy	Clothing	300	20,000	-19,700	-98.50%
Italy	Accessories	400	10,000	-9,600	-96.00%
Spain	Accessories	100	5,000	-4,900	-98.00%
Spain	Clothing	300	14,000	-13,700	-97.86%

Sales per Client (including Clients with no Sales)

Client Name	Country Name	Sales Amount
		2,000
Client 01	United States	300
Client 02	United States	300
Client 03	Mexico	300
Client 04	Italy	300
Client 05	Italy	200
Client 06	Italy	200
Client 07	Spain	200
Client 08	Spain	200
Client 09	Spain	0

Sales Detail

Sales ID	Sales Date	Client Name	Country Name	Product Name	Product Line Name	Sales Amount
						2,000
1	01/01/2019	Client 01	United States	Prod1	Clothing	100
2	02/01/2019	Client 02	United States	Prod2	Clothing	100
3	03/01/2019	Client 03	Mexico	Prod3	Clothing	100
4	04/01/2019	Client 04	Italy	Prod4	Accessories	100
5	05/01/2019	Client 05	Italy	Prod5	Accessories	100
6	06/01/2019	Client 06	Italy	Prod1	Clothing	100
7	07/01/2019	Client 07	Spain	Prod2	Clothing	100
8	08/01/2019	Client 08	Spain	Prod3	Clothing	100

Products Sold
Prod1
Prod2
Prod3
Prod4
Prod5

Products Unsold
Prod6

图 15-17 在一个查询中，通过统一星型模型的方法，一个仪表盘可以获得多个结果

仪表盘中展示了 Sales 表与 Target 表的对比、Sales Detail、Sales per Client、Products Sold 和 Products Unsold。这些报告也可使用传统的维度建模来创

建，但是需要多个查询。使用多个查询的问题是"它们互不交谈"。它们可在同一页面上展示，但没有"完全集成"。如果采用统一星型模型的方法，则可以"完全集成"。

"完全集成"是什么意思呢？通过图 15-18 来看一下。

例如，如果最终用户选择了 Spain，那么整个仪表盘都将展示该选择。将过滤器放在一个地方就足够了，不管表的粒度级别是否相同，过滤器都将同时应用到其他所有的仪表盘和报表。

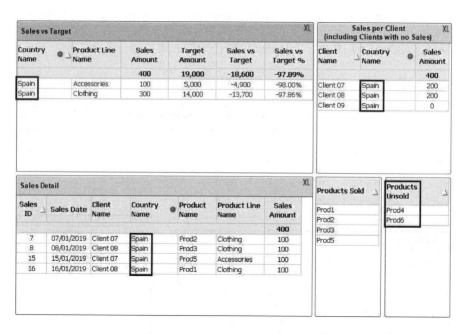

图 15-18 通过"完全集成"，过滤器"Spain"可应用到每个地方

总的来看，唯一未出售的产品是 Prod4。但是，当选择 Spain 时，Products Unsold 报告中会自动更改为 Prod4 和 Prod6。这是因为 Prod6 虽已被出售，但是 Spain 没有销售 Prod6，所有报告都同时响应了"Spain"过滤器。通过此功能，图 15-18 中 5 个报告的内容都来自同一个查询。

处理聚合和详细信息

在结束本章之前，这里分享有关重新范式化的概念以及它在巨大数据源中潜在用途的重要思想。

有时，一个组织的商业智能解决方案不是太大，就可以将所有详细信息以其最佳粒度完全加载到服务器的 RAM 中。这种情况在当今是很幸运的，也是很普遍的。即使是大型组织，无论它们是否具有庞大的数据库，也可能只对其中一小部分数据感兴趣。例如，可能是对分析销售感兴趣，对库存和定价的历史数据没有兴趣，通常这是一个非常大的数据集。当"商业智能数据域"可完全放入 RAM 时，就变得简单了：最有可能的是，能够将整个数据集设置成一个集成的仪表盘，而不会出现性能问题。

在所有其他情况下，商业智能数据域越来越大了，不可能把它全部放入服务器的内存中。在这种场景下，最终用户的商业智能解决方案必须基于聚合。这种方法已经被采用了数十年，并且效果很好。

但是，如果最终用户在某些时候需要查看详细信息，那么该怎么办？例如，他们可能需要调查特定案例并下钻到原始交易级别。在今天，人多数情况下，仍可以通过即席查询的方法获得详细信息。最终用户需要请开发人员针对此特定要求编写一些查询语句，从而查询详细信息。但实际上，这是试图要消除的即席查询方法。

通过统一星型模型的方法，希望扩大自助服务的范围。不仅要给业务人员访问聚合数据的权限，也要给他们详细数据的访问权限，且这不依赖开发人员。

看看对 Sales 表和 Targets 表所做的工作。即使粒度不符合要求，也能够将两个事实表连接到两个维度。但是，如果能够在 Sales 表和 Targets 表做到这一点，那么为什么不能同时在 Sales 表和聚合之后的 Sales 表之间也做到这一点呢？

想象一下，如果 Sales 表有 1000 亿行，这绝对大到无法完全放入 RAM 中。再想象一下，开发人员创建了一个名为 SalesAggr 的新表，该表按 Date、Country 和 Product Line 对交易进行了分组汇总，这个新的聚合表要小得多，并且可以完全放入服务器的 RAM 中。因此，在使用 Sales 表和 SalesAggr 表时，可以实现与本章中看到的解决方案相同的方案：重新范式化 Countries 表和 ProductLines 表，构建派生键，并将 Sales 表和 SalesAggr 表视为两个独立的表，而不管其中一个是另一个的聚合。

最终用户将从一个高级别的总数开始分析。然后，当他们需要在事务级别下钻时，查询将扩展到原始的 Sales 表。当然，不是所有的细节都会被检索到，而仅是过滤后的相关部分。

这就是如今的 Tableau 通过活动连接所做的事情：从拖放开始，Tableau 生成对数据源的新查询。该技术已经存在，但有"盲目"：最终用户事先并不知道该拖放所产生的查询是 10s 还是 10h。

"处理聚合信息和详细信息"的解决方案需要有警告和限制的逻辑，以避免有的最终用户一不注意就启动了 1000 亿行的查询。这个逻辑可以通过智能地使用元数据来实现。在启动查询之前，系统将知道所请求详细信息的大小和确切的行数，因为这些信息是在聚合过程中收集的。

甚至可以扩展这种想法，想象一下同一个表里存在多个聚合级别的数据。

使用统一星型模型的方法，就不需要一致粒度。这是将自助服务的范围扩展到大型数据源的关键原则。

第 16 章　Northwind 案例学习

在这一章中，能看到使用 ODM 协议来检测 Northwind 的缺陷是多么容易；验证一下当表之间存在扇形陷阱和 Chasm 陷阱这样的风险时会产生大量的错误；熟悉"表的安全区"的概念，如果将所有表连接在一起进行查询，则没有一个度量的总数是正确的；在 Northwind 数据库上使用各种 BI 工具实现 USS 方法。要明白，使用 USS 方法时，所有表都属于一个共同的安全区，即所有表都互相兼容。

Northwind 是 Microsoft 的一个示例数据库，虽然它很小，很简单，但它是本书的一个完美案例研究，因为它在实践中展示了如何实现本书中说明的一些约定、方法和解决方案。

图 16-1 所示为 Northwind 的数据模型，取自微软官方文档，只有 13 个表，共 3308 行，是一个小数据库。

该数据模型给我们展示了 13 个表之间的关系，每个关系都由一条连接两个表的线表示。

图 16-2 所示为连接两个表的关系线，线条以无穷大符号或钥匙符号结束，无穷大符号表示外键（FK），钥匙符号表示主键（PK）。

在这个数据库中，首先，注意到每个关系都是一对多关系，因为线条的一端有一个 FK，另一端有一个 PK。

如果再留意一下该数据模型，就会注意到该模型中没有循环。换句话

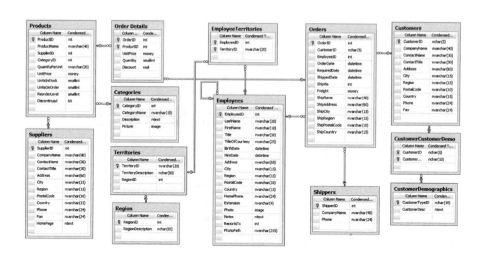

图 16-1　Microsoft 文档中 Northwind 的数据模型

图 16-2　连接两个表的线条

说，我们永远不会发现任何表 A 和表 B 具有从 A 到 B 的多条可能路径。

例如，用 Shippers 表和 Suppliers 表作为尝试分析表中的 "Shippers" 和 "Suppliers"，如图 16-3 所示。

从 Shippers 表到 Suppliers 表，唯一的路径是 Shippers 表→Orders 表→Order Details 表→Products 表→Suppliers 表，没有其他路径可供选择。对于其他任何一对表都是如此。

Employees 表有点例外，因为它指向自己。这是一个自连接，可使用别名（可能命名为 "Managers"）或层次结构来解析它。自连接非常容易处理，但它们不在本书的讨论范围内。

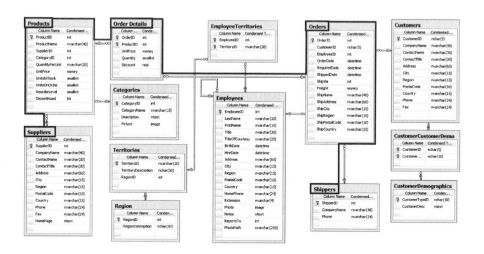

图 16-3　此模型中没有循环，只有唯一一条途径将 Shippers 表与 Suppliers 表联系起来

这个数据模型很有用，但实际上不太容易阅读。当沿着路径走的时候，会有迷路的危险，因为它并不齐整。好像不是在观察数据模型，而是在走迷宫。如果一个只有 13 个表的数据模型看起来都如此难以阅读，那么很难想象如果有 100 个或更多的表会是怎样的。

因此，作为第一步，通过应用 ODM 协议来整理模型。

Northwind 的面向数据模型

下面整理并绘制一个面向数据模型（ODM）。根据 ODM 协议，对于每一对表，FK 必须在左边，PK 必须在右边。每个箭头都是从左到右的。

例如，选择 Products 表和 Suppliers 表，如图 16-4 所示。

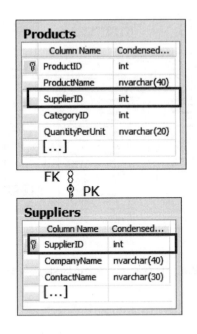

图 16-4　选择 Products 表和 Suppliers 表

在图 16-4 中，从连接两个表的线来看，是 Products 表指向 Suppliers 表，因为钥匙符号在 Suppliers 表的一边。还看到 Suppliers 表的 PK 是 "SupplierID"，因为它旁边有一个钥匙符号。不幸的是，该图并没有指明 Products 表中的哪一列指向 Suppliers 表的 "SupplierID"。但是在这种情况下，这很容易猜测，因为在 Products 表中有一个名为 "SupplierID" 的列，该列显然是 FK。

要发现正确 FK，最好是从数据库中读取它们。如果它们能被读取，则可以节省一些时间。如果没有发现正确 FK，那么一个好的选择是询问数据库管理员，因为他们通常知道表之间的关联。如果仍然没有发现，那么必须根据名字和常识手动完成。通常，可以使用 "排除法"：知道其中一个列必须是 FK，会查看所有现存的列并排除不可能的列。在剩下的列中，选择"最有可能"的列。之后，一个比较好的做法就是，通过验证"PK 和 FK 值之间的良好相关性"来验证选择。这不是一个完全可靠的验证过程，但通常能获得不错的结果。

回到图 16-4 中的两个表上。Products 表有 FK，Suppliers 表有 PK。可以理解为 Products 表是猎手，Suppliers 表是猎物。根据 ODM 协议，Products 表必须在左边，Suppliers 表必须在右边，如图 16-5 所示。

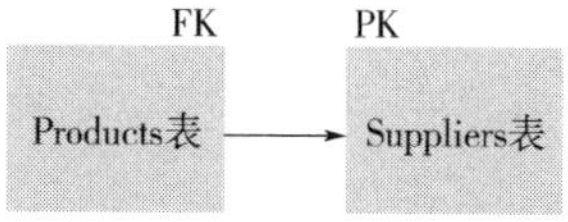

图 16-5　Products 表从左到右指向 Suppliers 表

根据 ODM 协议显示所有成对的表，则 Northwind 的面向数据模型如图 16-6 所示。

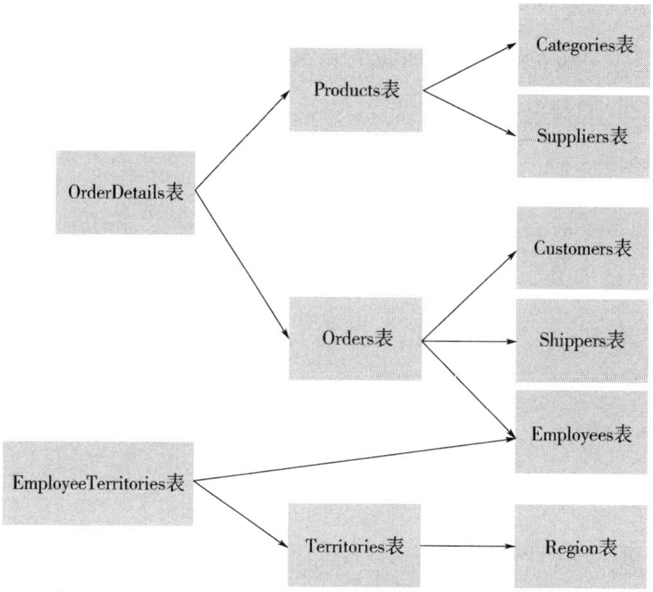

图 16-6　基于 ODM 协议的 Northwind 的面向数据模型

这是基于 ODM 协议的 Northwind 数据模型。请注意，这里略去了两个表，因为这 11 个表能够足够观察许多有趣的事情了。当以这种方式重新组织数据模型时，它看起来比以前更清晰了。

注意，OrderDetails 表和 EmployeeTerritories 表是"狮子"：它们位于数据模型的最左边，意味着它们位于食物链的顶端。OrderDetails 表是一个合适的事实表，因为每一行都表示一个事件和一个流程的度量，它是"猎人"而不是"猎物"。EmployeeTerritories 表也是"猎人"而不是"猎物"，但它不是事实表，因为它不代表任何事件或过程的任何度量。这是经典的"m-m 表"，用于处理 Employees 表和 Territories 表之间的预定义关系。

根据经验法则，面向数据模型左侧的表通常比其他表具有更多的行和列。

在数据模型的最右侧，可以找到 6 个表：Categories 表、Suppliers 表、Customers 表、Shippers 表、Employees 表和 Region 表。这 6 个表都在食物链的末端，它们都是"猎物"而不是"猎人"。

根据经验法则，面向数据模型右侧的表通常比其他表具有更少的行和列。它们通常是最容易理解的，因为它们包含一个"事物清单"。

在数据模型的中心，可以找到 Products 表、Orders 表和 Territories 表。每一个表都同时是"猎人"和"猎物"，就像在第 9 章中看到的"豹子"一样。

发现问题

当表按照面向数据模型来梳理时，发现问题就容易得多。为此，第一步是标识至少包含一个度量的所有表，为什么需要找到这些度量？因为这

样可以防止它们出现重复的风险，这种风险可能发生在扇形陷阱、Chasm
陷阱和多对多关系中，从而保证查询出正确的总数。

　　作为提醒，USS 方法并没有将表归类为事实和维度：它只区分表是否
至少包含一个度量。任何表都可以包含度量值。

　　那么，如何识别度量呢？这在许多数据库中都很简单，如 Northwind。
但如果有疑问，则可以从业务部门的最终用户那里得到一些帮助，因为他
们对业务的流程有更好的了解。

　　这里从右边开始，因为面向数据模型右边的表总是最容易的。

　　图 16-7 所示为 Region 表。这个表有 2 列 4
行。列 RegionID 是数字，显然不是度量值。永
远不会在图表的 y 轴上显示 ID。因此，可以确
定地说 Region 表不包含任何度量。

RegionID	RegionDescription
1	Eastern
2	Western
3	Northern
4	Southern

图 16-7　Region 表

　　现在许多 BI 工具在"数字"和"度量"
之间没有任何区别。事实上，一个度量值总是一个数字，但一个数字并不
总是一个度量值。"非度量值数字"的列如 ID、文档编号、布尔标识、与
日期相关的列（如周、月和年）等。

　　虽然现在人工智能在 BI 工具中的帮助越来越大，但识别度量仍然是人
类的特权。必须设置 BI 工具不需要计算某些字段的和，如"月份"字段
等。因此需要一个接一个地"评估"所有数字列是否存储度量值，被识别
为度量值的每个数字，必须确定默认的聚合函数，通常为其总和，但在其
他情况下（如单价、评级和分数），它可能是平均值或其他一些总和。对
于其他"非度量"的数字，BI 工具中的聚合函数必须标记其为"非聚
合"。当 BI 工具生成分析报告时，先前的设置将会生效，如列 ID 和驾驶执
照号码不应汇总，它们也不会显示在图表中。

图 16-8 所示为 Shippers 表，该表显然没有度量。第一列是一个 ID，另外两列是文本。

ShipperID	CompanyName	Phone
1	Speedy Express	(503) 555-9831
2	United Package	(503) 555-3199
3	Federal Shipping	(503) 555-9931

图 16-8　Shippers 表

继续分析，如果读者手头上有 Northwind 数据库，则可以尝试做个练习。这时会注意到，有几个表有一些数字列，通常是列 ID 或邮政编码等。这些表是 Categories 表、Customers 表、Suppliers 表、Employees 表和 Territories 表。所以，这些表中没有任何度量。

现在，看看 Products 表结构，如图 16-9 所示。

Products

Column Name	Condensed...
ProductID	int
ProductName	nvarchar(40)
SupplierID	int
CategoryID	int
QuantityPerUnit	nvarchar(20)
UnitPrice	money
UnitsInStock	smallint
UnitsOnOrder	smallint
ReorderLevel	smallint
Discontinued	bit

图 16-9　Products 表结构

Products 表有 8 个数字列，前 3 列显然是 ID，对于后 5 个，需要看一些值。Products 表如图 16-10 所示。

后 5 列有点难以理解。如果查看 Discontinued 列，就会注意到数值始终为 1 或 0，这表明它是一个表示真或假的布尔标识。此列不太可能用作度量。有些列需要最终用户来确认，如"ReorderLevel"。请注意，在搜索的表中是否包含"至少一个度量"。再看其他列，毫无疑问，"UnitsIn-Stock"和"UnitsOnOrder"是度量值，因此可以得出结论，Products 表是一个"包含至少一个度量"的表，用符号"#"标记。

ProductID	ProductName	SupplierID	CategoryID	QuantityPerUnit	UnitPrice	UnitsInStock	UnitsOnOrder	ReorderLevel	Discontinued
1	Chai	1	1	10 boxes x 20 bags	18	39	0	10	0
2	Chang	1	1	24 - 12 oz bottles	19	17	40	25	0
3	Aniseed Syrup	1	2	12 - 550 ml bottles	10	13	70	25	0
4	Chef Anton's Cajun Seasoning	2	2	48 - 6 oz jars	22	53	0	0	0
5	Chef Anton's Gumbo Mix	2	2	36 boxes	21.35	0	0	0	1
6	Grandma's Boysenberry Spread	3	2	12 - 8 oz jars	25	120	0	25	0
7	Uncle Bob's Organic Dried Pears	3	7	12 - 1 lb pkgs.	30	15	0	10	0
8	Northwoods Cranberry Sauce	3	2	12 - 12 oz jars	40	6	0	0	0
9	Mishi Kobe Niku	4	6	18 - 500 g pkgs.	97	29	0	0	1
10	Ikura	4	8	12 - 200 ml jars	31	31	0	0	0
11	Queso Cabrales	5	4	1 kg pkg.	21	22	30	30	0
12	Queso Manchego La Pastora	5	4	10 - 500 g pkgs.	38	86	0	0	0
13	Konbu	6	8	2 kg box	6	24	0	5	0
14	Tofu	6	7	40 - 100 g pkgs.	23.25	35	0	0	0
15	Genen Shouyu	6	7	24 - 250 ml bottles	15.5	39	0	5	0
16	Pavlova	7	3	32 - 500 g boxes	17.45	29	0	10	0

图 16-10　Products 表

OrderDetails 表包含 Unit Price、Quantity 和 Discount，这 3 列将用于计算度量值——"总收入"，所以 OrderDetails 表必须使用"#"符号标记。根据经验法则，在面向数据模型最左边的表通常包含度量，但这并不总是正确的（Employeeterries 表不包含度量）。

Orders 表包含 Freight，它是一个度量。通常，像 Orders 表这样仅用于表示订单头部信息的表，通常不包含度量值。但在这个案例中，居然包含了。

最后，模型左边的 EmployeeTerritories 表不包含任何度量。该表只有两列，它们都是 ID。

图 16-11 所示为 Northwind 的面向数据模型，显示了有关度量的信息。

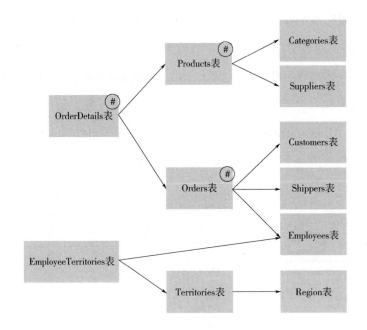

图 16-11　Northwind 的面向数据模型，基于 ODM 协议，

带有"#"符号，显示 3 个表包含度量

在图 16-11 中，可以发现 3 个表至少包含一个度量，而其他 8 个表完全没有度量。

现在掌握了所有的信息，就可以准备好去发现问题。

根据在前面章节中看到的理论，能很容易地观察到 Northwind 数据库没有循环，但有两个扇形陷阱和一个 Chasm 陷阱，如图 16-12 所示。

OrderDetails 表和 Products 表形成一个扇形陷阱，因为 Products 表的度量将被左边的 OrderDetails 表扩大。OrderDetails 表和 Orders 表也会形成一个扇形陷阱，因为左边的 OrderDetails 表将扩大 Orders 表的度量。Employees 表、Orders 表和 EmployeeTerritories 表构成了一个 Chasm 陷阱，其中

Employees 表是 X 表，因为表的左方有两个表。这是一个 Chasm 陷阱，因为 Orders 表的度量会因 EmployeeTerritories 表而扩大。将在本章稍后看到，不仅是 Orders 表的度量，还有 OrderDetails 表的度量，都将因 EmployeeTerrities 表而扩大。对于 Products 表的度量，也可以这样说。

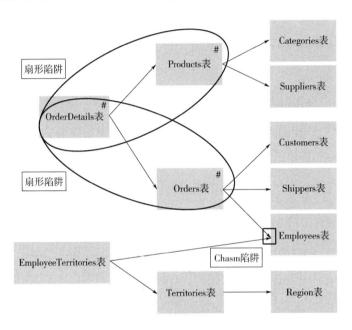

图 16-12　根据 ODM 协议，我们可以立即检测到两个扇形陷阱和一个 Chasm 陷阱

> 在 Chasm 陷阱中，一个分支的度量值将因另一个（或多个）分支的表而扩大。

现在发现了 3 个陷阱。下一个问题是，该如何处置他们？为何要关注这 3 个陷阱？

注意，通过检测陷阱，可以避免创建返回错误结果的查询，从而不需测试来验证，不用连接表、运行一个查询、查看度量值并将其与源系统中的度量值进行比较，来看它们是否匹配。从面向数据模型中看到，有些查询不可避免地会产生不正确的总数。

了解陷阱的影响

验证检测到的 3 个陷阱的影响，并了解其危险性。一般方法是创建两个查询。

1）第一个查询基于能为我们提供正确总数的表。

2）第二个查询必须将该表与构成陷阱的其他表连接，检查总数是否出错。

图 16-13 所示为对 Products 表的单独查询，将显示 UnitsInStock 的正确合计。

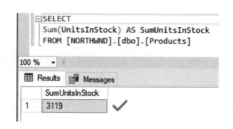

图 16-13　对 Products 表的单独查询

UnitsInStock 的正确总数为 3119。需要牢记这个数字，并将其与第二次查询的总数进行比较。

现在，将表 Products 与表 OrderDetails 连接进行查询，如图 16-14 所示，总数为 85760，显然不正确，正确总数是 3119。此错误由于扇形陷阱所致。Products 表因 OrderDetails 表而扩大，因为 OrderDetails 表在左边。

现在，对于图 16-12 中的数据模型，可以看到 Products 表的右侧有两

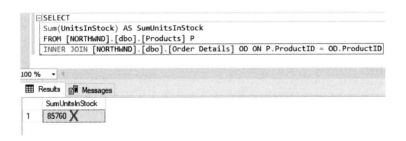

图 16-14　将表 Products 与表 OrderDetails 连接进行查询，UnitsInStock 字段统计数不正确

个表（Categories 表和 Categories 表）。如果查询 Products 表时连接 Catego-ries 表和 Suppliers 表，又会发生什么？查询结果如图 16-15 所示。

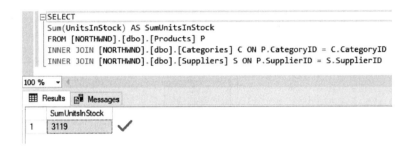

图 16-15　连接 Products 表、Categories 表和 Suppliers 表的查询

将 Products 表与两个表连接后，此查询得到的 "UnitsInStock" 的总数正确。这是因为 Categories 表和 Suppliers 表在 Products 表的右边。请注意，图 16-15 中的查询没有从 Categories 表和 Suppliers 表得到任何列。在这个测试中，不需要添加列，仅使用连接就能告诉度量是否被扩大了。

这个测试说明一些连接是被允许的，而另一些则不行。这带来了 "表安全区" 的概念。

安全区

在测试中，可以看到 Products 表可以安全连接 Categories 表和 Suppliers 表进行查询，因为这两个表位于右边。相反，连接 OrderDetails 表查询时，Products 表里度量的总数将被扩大，因为 OrderDetails 表在左方。

表安全区是指可以安全地与该表连接的表的子集，不存在度量重复的风险。

图 16-16 所示为 Products 表的安全区，仅限于其右侧的两个表。

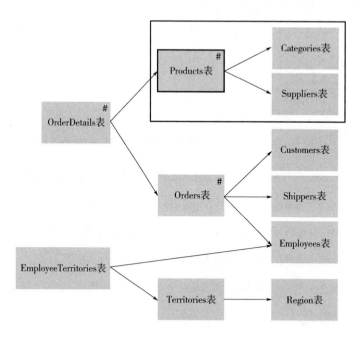

图 16-16　Products 表的安全区

如果希望在报表或仪表盘中显示 Products 表的度量，则可以连接查询

Categories 表和 Suppliers 表，这是安全的，因为这两个表位于 Products 表的右侧。然而，若将其与 OrderDetails 表连接，则是不安全的，因为该表位于左方。因此，除了 Categories 表和 Suppliers 表外，不能将 Products 表与此数据模型中的其他任何表连接，因为到达任何其他表的路径将需要通过 OrderDetails 表。

需要理解 Products 表与 OrderDetails 表之间的连接不是错误的。如果关注的是来自 OrderDetails 表的度量，那么确实可以连接这两个表。然而，在查询中不能包含来自 Products 表的度量。

请注意，仅当表包含至少一个度量时才讨论该表的安全区。没有度量的表永远不会遇到这种问题。数据库有 3 个包含度量的表，因此可以为这 3 个表分别画出一个安全区。

看一看 Orders 表的安全区，如图 16-17 所示。

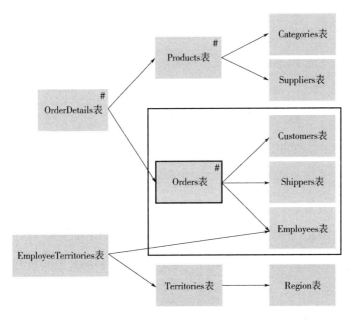

图 16-17　Orders 表安全区

Orders 表的安全区由 Customers 表、Shippers 表和 Employees 表组成，因为这3 个表位于 Orders 表的右侧。如果在查询中添加 OrderDetails 表，那么总数将被扩大，因为 OrderDetails 表在左方。

Products 表、Categories 表和 Suppliers 表不能加入，因为路径将需要经过 OrderDetails 表，而 OrderDetails 表不在 Orders 表的安全区内。

EmployeeTerritories 表也在 Orders 表的安全区外，因为它在 Employees 表的左边。因此，也不能和 Territories 表和 Region 表连接，因为这条路径需要经过 EmployeeTerritories 表。

一个表的安全区由所有可从左到右通过的表提供。

从 Orders 表可以安全地连接 Employees 表，因为是从左到右关联。然而，从 Employees 表出发，就不能安全连接 EmployeeTerritories 表，因为这是从右到左的。

实际上，如果违反了规则，那么会发生什么？在这种情况下，如果在查询中包含 EmployeeTerrities 表，则某些 EmployeeID 将会因 EmployeeTerrities 表而出现重复。那些包含 EmployeeID 的行会生成重复的行，而该行也可能包含一个度量，于是那些度量也被重复计算了。

请注意，"表的安全区"的整个概念基于假设所有表的 PK 是唯一的。有时它们被希望是唯一的，但实际上不是，通常发生在开发人员操作时错误地创建重复数据，这很常见。例如，如果 Customers 表中有两行具有相同 CustomerID 的不同行，则对于与该 CustomerID 相关联的所有订单，相关的度量将不可避免地被重复创建了。建议在 BI 项目的开发阶段和维护阶段检查 PK 的唯一性。

现在查看 OrderDetails 表的安全区，如图 16-18 所示。

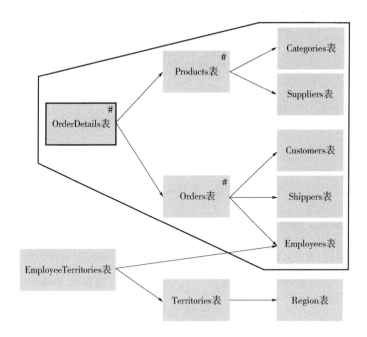

图 16-18　OrderDetails 表的安全区

当关注 OrderDetails 表的度量时，会发现安全区相当大。OrderDetails 表右侧的所有表都是安全的，因为它们不会导致总数的增大。请注意，这是 OrderDetails 表的安全区，对 Products 表和 Orders 表的度量计算是不安全的。OrderDetails 表的安全区以外的表有 EmployeeTerritories 表、Territies 表和 Region 表。因为 EmployeeTerrities 表在 Employees 表的左方，所以 Territories 表和 Region 表也不能连接，因为进入这些表的路径将需要经过 EmployeeTerritories 表。如果向查询中添加 EmployeeTerries 表，那么 OrderDetails 表中的度量将被扩大。

下面来测试这是不是真的。

首先单独创建一个 OrderDetails 表的查询，如图 16-19 所示。

正确总数为 51317，请记住这个数字。

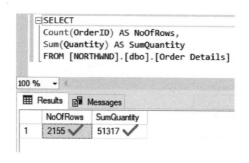

图 16-19 创建一个 OrderDetails 表的查询

OrderDetails 表有 2155 行。优秀的开发人员对查询的行数总是心里有数的。理想情况下，在启动查询之前，应始终预先知道预期的行数。例如，如果从 OrderDetails 表创建一个查询，并将所有位于 OrderDetails 表安全区内的表（通过一个左连接）连接起来，那么预期的行数为 2155。如果不是这个数字，那么需要检查，可能会发现其中一个表的 PK 并不唯一。

图 16-20 所示为扩展到安全区内所有表的 OrderDetails 表查询。行数仍为 2155 行，总数仍为 51317 行。

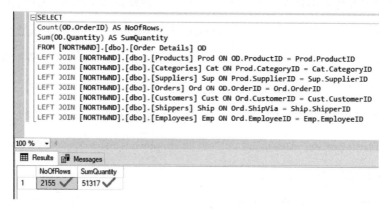

图 16-20 扩展到安全区内所有表的 OrderDetails 表查询

如前所述，此查询仅用于技术测试。当然，创建连接了多个表的查询但又不在这些表获得某些列的话，这毫无业务意义。将表添加到查询中，通常是希望得到一些额外的列。此查询没有业务意义，但有一个很好的技术意义，即它提供了一个非常快速的完整性检查。

图 16-21 所示为具有适当业务意义的查询示例。它按产品类别显示订单数量。

如果将 8 个行的数量加起来，将得到 51317，这是正确的总数。如果将 8 个行的行数相加，将得到 2155，这也是正确的行总数。在 OrderDetails 表的安全区内，OrderDetails 表的度量值的总和始终正确，因为没有返回重复的行。

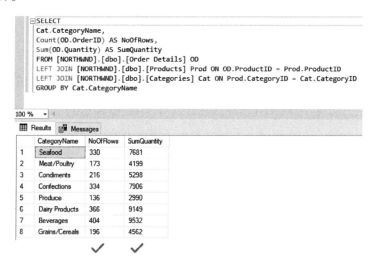

图 16-21　具有适当业务意义的查询示例

现在为 OrderDetails 表创建一个超出安全区的新查询，并查看会发生什么。可以在图 16-22 中看到，EmployeeTerries 表已添加到查询中。

因为连接了 EmployeeTerrities 表，因此导致查询结果变大。预期行数为 2155，而现在为 10129。当然，总量也是完全不正确的。这证明了：每当查询超出 OrderDetails 表的安全区时，OrderDetails 表度量的结果合计将

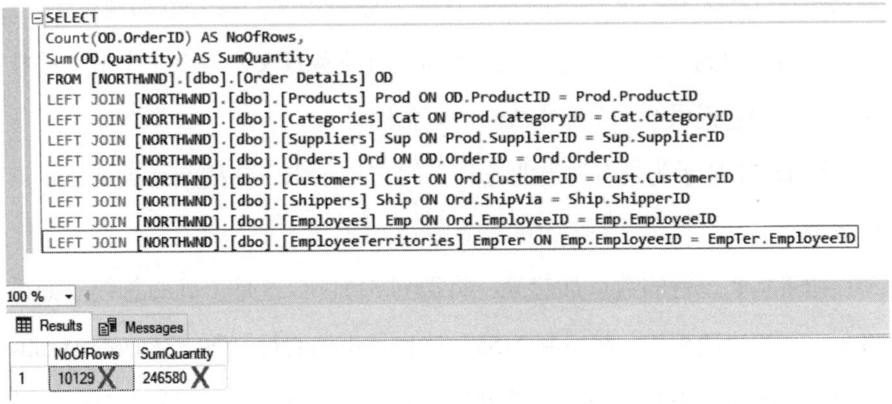

```
SELECT
  Count(OD.OrderID) AS NoOfRows,
  Sum(OD.Quantity) AS SumQuantity
FROM [NORTHWND].[dbo].[Order Details] OD
LEFT JOIN [NORTHWND].[dbo].[Products] Prod ON OD.ProductID = Prod.ProductID
LEFT JOIN [NORTHWND].[dbo].[Categories] Cat ON Prod.CategoryID = Cat.CategoryID
LEFT JOIN [NORTHWND].[dbo].[Suppliers] Sup ON Prod.SupplierID = Sup.SupplierID
LEFT JOIN [NORTHWND].[dbo].[Orders] Ord ON OD.OrderID = Ord.OrderID
LEFT JOIN [NORTHWND].[dbo].[Customers] Cust ON Ord.CustomerID = Cust.CustomerID
LEFT JOIN [NORTHWND].[dbo].[Shippers] Ship ON Ord.ShipVia = Ship.ShipperID
LEFT JOIN [NORTHWND].[dbo].[Employees] Emp ON Ord.EmployeeID = Emp.EmployeeID
LEFT JOIN [NORTHWND].[dbo].[EmployeeTerritories] EmpTer ON Emp.EmployeeID = EmpTer.EmployeeID
```

100 %

Results   Messages

	NoOfRows	SumQuantity
1	10129 X	246580 X

图 16-22　对 OrderDetails 表创建一个超出安全区的新查询

不正确。

因此可得出一些结论。

Northwind 是一个非常小的数据库。然而，在 Northwind 上使用传统的 SQL 方法，会存在总数不正确的高风险，因为数据库有两个扇形陷阱和一个 Chasm 陷阱。如果创建一个涉及数据库中所有 11 个表的标准 SQL 查询，则所有度量值的总和都将不正确。这当然不是因为数量多少的问题（结果只有 10129 行），而是因为已经提到的一个原则：表的某些特定组合是不能连接在一起的。

你是否曾参与过所有数字都完全错误的项目？如果有，那么这可能就是其中的一个解释。

从即席查询到自助式商业智能

一些特定组合的表无法连接在一起。

在许多情况下，开发人员完全没有意识到这一点。这不足为奇，因为关于扇形陷阱、Chasm 陷阱和多对多关联的资料很少，并且现有的资料也没有描述清楚甚至是矛盾的。

现在常见的做法是编写一个查询，看看会出现什么结果。如果某些样本数据和数据源相同，那么查询通常被用于生产。可能仅在几个月（或几年）之后，就有人意识到有重复的或者错误的数据，通常通过破解前端程序并使用复杂的公式对数据尝试排重来解决，但这并不是一个好办法。

在许多其他情况下，开发人员意识到表的关联会产生重复数据。这是一个有趣的场景。他们如何解决这个问题呢？现在常见的解决问题的方法是"即席查询方法"。对于每一个新的需求，都会创建一个新的量身定制的查询。

即席查询的方法行之有效，但代价非常大。这是一种小奢侈，就像只穿量身定制的西服一样。当然，除非想在特殊的场合购买昂贵的西服，否则可以去商店购买成衣，它可能会满足人们的需求，会更便宜，并且人们可以马上就拿到它。

统一星型模型是数据建模的重要组成部分。

使用统一星型模型方法可以将表连接起来。最终用户不必是数据专家，因为方式始终是相同的：获取所需要的表，并通过相同名称的关键列将它们连接到 Bridge 表。每一个数据元素都可以在一个具有适当名称的表中找到。有关员工的数据可以在 Employees 表中找到，有关销售的数据可以在 Sales 表中找到，有关产品的数据可以在 Products 表中找到。这就是最终用户期望数据被组织的方式。

统一星型模型方法中对表的范式化以及命名方式的要求，使这些表很容易关联在一起。

自助式商业智能意味着用户可以用自然而直观的方式检索所需要的信息，且无须数据专家的帮助。仅购买新软件是无法实现这个目标的，还需要对数据进行适当的组织。

将良好的技术和统一星型模型结合，可以获得最佳的自助商业智能体验。

下一部分将介绍统一星型模型如何简化具有挑战性的业务需求。

具有挑战性的业务需求示例

假设必须实现业务需求"按类别名称显示订购的总数量和库存产品量"，这个需求听起来很容易，但实际上是非常具有挑战性的。

所有必需的信息都来自于 3 个表，即 OrderDetails 表、Products 表和 Categories 表，在图 16-23 中进行了突出显示。

可以简单地创建将这 3 个表连接在一起的查询吗？不幸的是不能。

Categories 表绝对没有问题，这个表没有度量。没有度量的表，都不会造成什么问题。OrderDetails 表也没有问题，虽然这个表有度量，但是在查询中是主数据表。

问题出在 Products 表上，它有满足此业务需求的度量（UnitsInStock），并由左侧的 OrderDetails 表分解，如果创建这 3 个表的标准连接，那么 UnitsInStock 的总计将不正确。

图 16-24 所示为不正确的 SQL 查询示例。

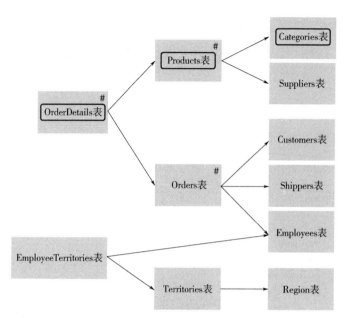

图 16-23　这个业务需求基于 3 个突出显示的表

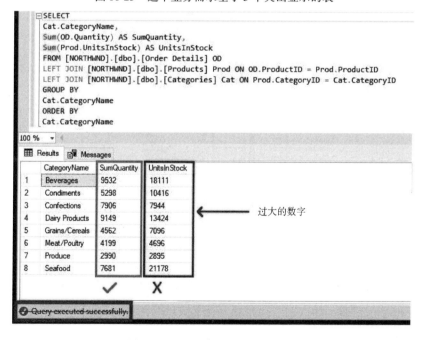

图 16-24　不正确的 SQL 查询示例

尽管看起来很简单，但是此查询是不正确的。SQL 引擎给出的消息为"查询已成功执行"，因此，SQL 开发人员可能认为一切都很好，但事实并非如此。

UnitsInStock 的总数为 3119，而从该查询得出的总数明显大得多，这是因为创建了带有扇形陷阱的连接。

可以通过使用多个 SELECT 子查询创建一个不同的查询来解决这个问题，如图 16-25 所示。

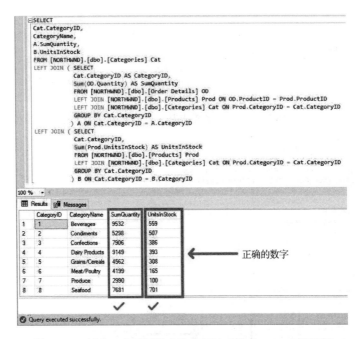

图 16-25　创建一个不同的查询来解决之前的 SQL 查询示例

这个查询稍微复杂一些，但它是正确的。如果用这个语句进行查询，那么查询出 UnitsInStock 的总计将会是 3119，这个总数是正确的。

但是这里有一些问题，包括这个查询不容易创建，也不容易维护，并且几乎不可能重用。这实际上是即席查询，是尽量避免的方法。

> *如果为每个新业务需求创建一个新的即席查询，那么*
> *每个新业务需求将单独成为一个项目，并且商业智能基础*
> *建构将失去控制。*

如果为每一个新业务需求创建一个新的即席查询，那么数据库最终将会拥有大量的查询、视图、报表、仪表盘、立方体、脚本、批处理、存储过程、调度作业等。所有这些资源都会增加商业智能基础架构的复杂性以及维护的工作量。此外，当数据库面临迁移时，很难找到有关所有这些资源的可靠文档。许多现有的报表和仪表盘可能已过时，但没有人愿意承担作废这些报表和仪表盘的责任。结果，这些全部都要进行迁移，包括过时的资源。因为这样，商业智能的基础架构将失去控制。

使用统一星型模型方法，可以大大降低商业智能基础架构的复杂性。下一部分介绍如何使用统一星型模型。

如何在 Northwind 数据库中实现统一星型模型

使用统一星型模型方法，所有表都在一个公共安全区，万物与万物兼容，如图 16-26 所示。

使用统一星型模型方法，无须使用多个 SELECT 子查询创建复杂的查询，无须创建单独的查询，可将统一星型模型合并到商业智能工具中。不会存在由于扇形陷阱导致总计不正确的风险，不会存在由于 Chasm 陷阱和多对多关系导致的重复风险，循环也没有问题，数据处于不同粒度时也不会有问题。构建模型架构的方式不取决于业务需求。

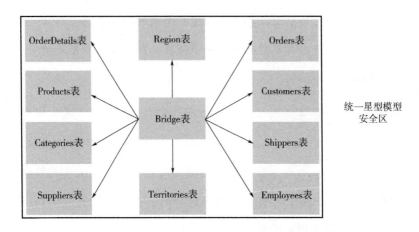

图 16-26 采用统一星型模型方法，所有表都在一个公共安全区

使用统一星型模型方法，一切都很容易。

最终用户只需要加载 Bridge 表，选择对他们有用的表，并将这些表连接到 Bridge 表，确保连接是左连接（或者关联，如果可能的话），然后在商业智能工具中自由浏览。下一部分介绍实际是怎么实现的。

使用各种商业智能工具实施

本部分包含使用不同商业智能工具实现的示例，目的是将传统方法与统一星型模型方法进行比较，并证明统一星型模型与所有商业智能技术兼容。

为了实现这些，选择将表保存为 CSV 格式。

表的物理格式的选择完全取决于解决方案架构师。通常，它们可以是数据库表以及 CSV 格式文件，也可以是 XML、JSON、AVRo、Parquet 或者其他能够在云端或者内部展示表逻辑的任何格式。

下面是准备好的一组 CSV 文件，如图 16-27 所示。

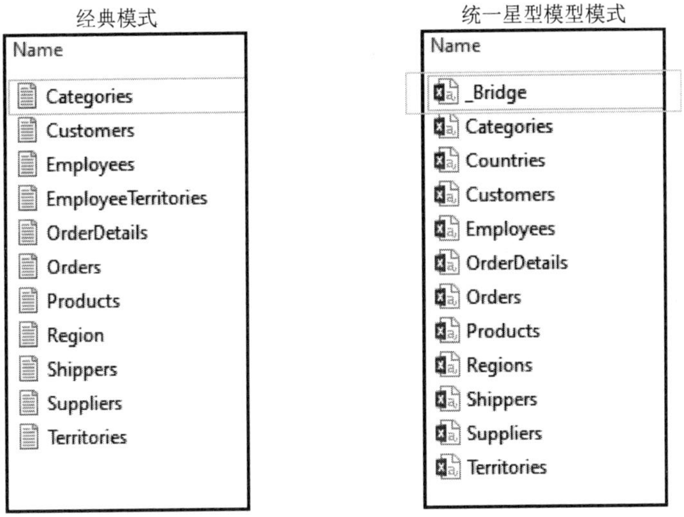

图 16-27　基于传统方法和统一星型模型方法的 CSV 文件

仅出于区分这两种方法的目的，遵循传统方法的文件具有 ". txt" 扩展名，而遵循统一星型模型方法的文件具有 ". csv" 扩展名。这在使用云环境时也很有用，因为其中的一些环境倾向于将所有文件放在一起，并且具有相同名称和扩展名的文件可能会相互覆盖。

请注意，将 Bridge 表命名为_Bridge. csv，带有下画线。这样，它将显示在文件列表的顶部用于提醒最终用户应该始终首先加载 Bridge 表。

图 16-28 所示为_Bridge. csv 表的一部分。

从图 16-28 可以看出，Orders Stage 指向某些表，但不是所有表。例如，Orders 表中有_KEY_Countries、_KEY_Regions，但是没有_KEY_Territories，这意味着 Orders 表并不指向 Territories。还可以注意到包含度量的几列，这意味着要选择相关技术将所有度量移至 Bridge 表。然后，可以注意

_Bridge.csv

```
Stage,_KEY_Countries,_KEY_Regions,_KEY_Territories,_KEY_EmpTer,_KEY_Employees,_KEY_Suppliers,_KEY_Categories,_KEY_Shippers,_KEY_Customers,_KEY_Products,Product Unit Price,Product Units In Stock,Product Units On Order,Product Reorder Level,_KEY_Orders,Order Freight,_KEY_OrderDetails
Orders,FR,RE-1,,,EM-5,,,SH-3,CU-VINET,,,,,,OR-10248,32.38,
Orders,DE,RE-2,,,EM-6,,,SH-1,CU-TOMSP,,,,,,OR-10249,11.61,
Orders,BR,RE-1,,,EM-4,,,SH-2,CU-HANAR,,,,,,OR-10250,65.83,
Orders,FR,RE-4,,,EM-3,,,SH-1,CU-VICTE,,,,,,OR-10251,41.34,
Orders,BE,RE-1,,,EM-4,,,SH-2,CU-SUPRD,,,,,,OR-10252,51.3,
Orders,BR,RE-4,,,EM-3,,,SH-2,CU-HANAR,,,,,,OR-10253,58.17,
Orders,CH,RE-1,,,EM-5,,,SH-2,CU-CHOPS,,,,,,OR-10254,22.98,
Orders,CH,RE-3,,,EM-9,,,SH-3,CU-RICSU,,,,,,OR-10255,148.33,
Orders,BR,RE-4,,,EM-3,,,SH-2,CU-WELLI,,,,,,OR-10256,13.97,
Orders,VE,RE-1,,,EM-4,,,SH-3,CU-HILAA,,,,,,OR-10257,81.91,
Orders,AT,RE-1,,,EM-1,,,SH-1,CU-ERNSH,,,,,,OR-10258,140.51,
Orders,MX,RE-1,,,EM-4,,,SH-3,CU-CENTC,,,,,,OR-10259,3.25,
Orders,DE,RE-1,,,EM-4,,,SH-1,CU-OTTIK,,,,,,OR-10260,55.09,
Orders,BR,RE-1,,,EM-4,,,SH-2,CU-QUEDE,,,,,,OR-10261,3.05,
Orders,US,RE-3,,,EM-8,,,SH-3,CU-RATTC,,,,,,OR-10262,48.29,
```

图 16-28　Northwind 的_Bridge. csv 表的一部分

到，Order Freight 是包括的，但是其他的度量没有包括。这是因为每个度量都必须放置在适当的阶段。可以在 Products Stage 中找到产品度量，可以在 OrderDetails Stage 中找到订单明细度量。

现在，将实施本章前面已经看到的具有挑战性的业务需求，并比较传统方法和统一星型模型方法，还将展示如何将新需求附加到同一查询中。

用 Tibco Spotfie 实施

要实现业务需求“按类别名称显示订购的总数量和库存中的产品量”，可以在 3 个表中找到所需的信息：OrderDetails 表、Products 表和 Categories 表。

使用 Spotfire，必须从一个表开始，通常是最详细的表，然后使用“插入"→"添加列"命令添加其他表。

加载这 3 个表后，结果数据模型如图 16-29 所示。

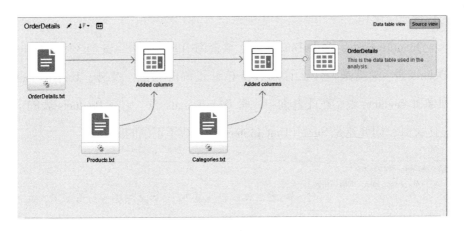

图 16-29　加载 3 个表后的结果数据模型

Spotfire 将创建一个单一的去范式化表，Spotfire 中的"数据表"视图如图 16-30 所示。

图 16-30　Spotfire 中的"数据表"视图

从图 16-30 可以看出，多个订单可能对应一个产品。因此，库存中的单位会重复。

使用 Spotfire，可以获得与使用 SQL 相同的结果，如图 16-31 所示。Sum（Quantity）是正确的，但是 Sum（UnitsInStock）的总和是错误的，因为数量已经爆炸。

Quantity 列属于 OrderDetails 表。该查询中的表均来自安全区中的 OrderDetails 表。这就是为什么订购数量总计正确的原因。此外，UnitsInStock 列来自 Products 表。在此查询中，有 OrderDetails 表，它在 Products 表的安全区之外，因此这是 Sum（UnitsInStock）总数不正确的原因。

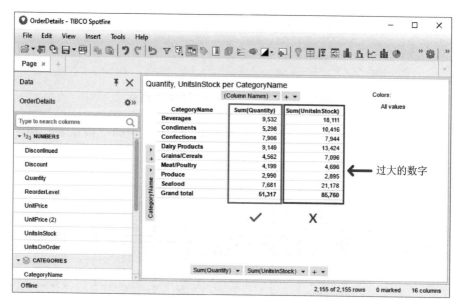

图 16-31   使用传统方法和 Spotfire，得到的结果与 SQL 相同

这一实践证明了安全区的定义，一个表不仅适用于 SQL，而且还适用于像 SQL 一样创建连接的商业智能工具。在接下来的实践中，将看到创建关联的商业智能工具是没有这个问题的。

SQL 没错，Spotfire 创建的查询也没有任何问题。问题来自一个原则：表的某些特定组合无法连接在一起。因此，如果想使用 Spotfire 看到一个正确的结果，那么需要换一种方法。

现在尝试使用统一星型模型实现同一个需求。

像往常一样，第一个加载的表是 Bridge 表，如图 16-32 所示。

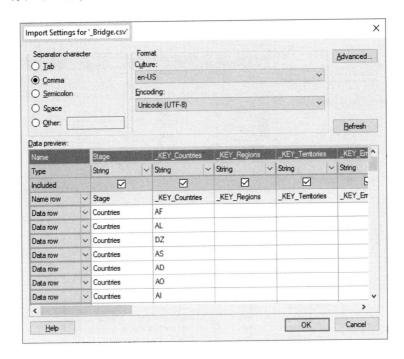

图 16-32　使用统一星型模型方法加载 Bridge 表

然后加载其他表。图 16-33 所示为加载 OrderDetails 表。

Bridge 表之后，可以加载所有所需要的表。在这里，需要 OrderDetails 表、Products 表和 Categories 表。

加载表格时，可以单击 Match All Possible "匹配所有可能"按钮。此按钮自动检测如何连接两个表，并且由于统一星型模型命名约定，可以完全信任它，如图 16-34 所示。

确保连接是左连接，如图 16-35 所示。

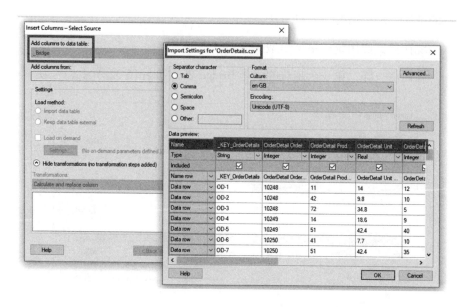

图 16-33　加载 OrderDetails 表

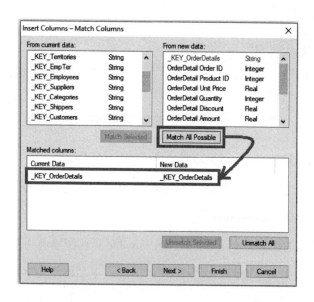

图 16-34　统一星型模型命名约定使一切变得更加容易

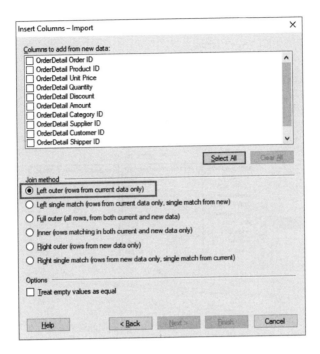

图 16-35　所有连接必须是左连接

如图 16-36 所示，现在所有的总数都是正确的，因为统一星型模型方法解决了扇形陷阱。

但是，现在再进一步。假设出现了一个新的业务需求"按托运公司名称统计订购运费"。

需要的信息可以在两个新表中找到：Orders 表和 Shippers 表。传统方法中，这两个新表不适合现有的查询，因为查询中包含了 OrderDetails 表，OrderDetails 表是 Orders 表安全区之外的表，这将会导致 Freight 总数的不正确。因此，开发人员应该在单独的仪表盘中创建单独的查询。

相反，使用统一星型模型方法，所有表都兼容，无须为新的报表创建新的查询，可以将新表添加到现有查询中。因此，所有数据将被完全集成。

添加新表，如图 16-37 所示。

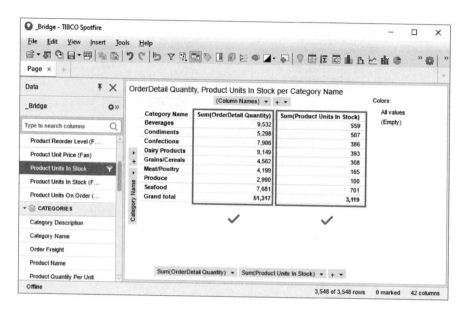

图 16-36　现在所有的总数都是正确的，因为 统一星型模型方法解决了扇形陷阱

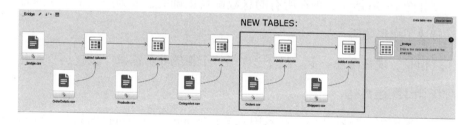

图 16-37　使用统一星型模型方法将新表添加到现有查询中

现在已经加载了所有的表，可以在同一个页面中显示两个报表，如图 16-38 所示。

这些报表不仅位于同一个位置，而且也已完全集成。第一个报表的过滤器将传递到第二个报表。反之亦然，这是自动产生的，因为所有的数据都来自一个查询。

现在，使用统一星型模型方法，所有表都彼此兼容，并且所有的总数都是正确的。

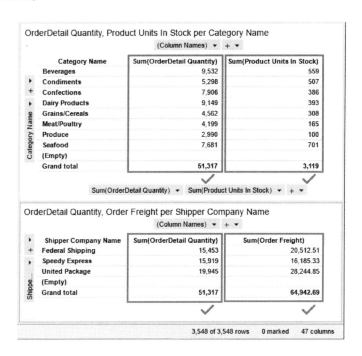

图 16-38　在同一个页面中显示两个报表

使用 Tableau 实施

Tableau 具有关联的功能。因此，即使采用传统的方法，度量的总数也总是正确的。内存中的关联不受扇形陷阱的影响。在这种情况下，统一星型模型方法的附加价值在于查询更容易创建。在实践中看一下上面所描述的内容。

这里从传统方式开始。将尝试实施与以前相同的两个报表。对于这两个报表，需要创建一个查询，以加载 OrderDetails 表、Products 表、Categories 表、Orders 表和 Shippers 表。现在把它们全都加载进来。

可以从任何一个表开始查询，但是始终建议从最详细的表开始，目前这种情况，最详细的表是 OrderDetails 表。

在这种情况下，最终用户有时不知道如何把表连接在一起。例如，Shippers 表和 Orders 表必须通过 "ShipVia" 连接，如果最终用户不熟悉基础数据模型，则此查询将会很难创建，如图 16-39 所示。换句话说，最终用户将需要向 IT 部门寻求帮助。

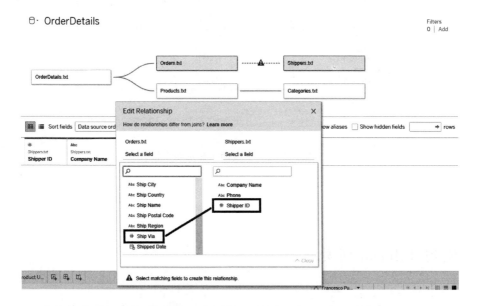

图 16-39　使用 Tableau 中 "数据源" 页面的传统方法，
查询并非总是那么容易创建

报表结果是正确的，如图 16-40 所示。

图 16-40　报表具有正确的总数，因为 Tableau 具有关联的功能

现在尝试一下统一星型模型方法。

首先，必须加载 Bridge 表，然后可以添加其他表。这次，要尝试其他操作，可以添加所有表，不仅前两个报表需要 5 个表，而且将来的报表可能也需要表。因为使用统一星型模型方法，每个表都与其他表兼容。

在几秒钟内，无须知道底层数据模型，最终用户将能够在图 16-41 中创建查询。

最终用户不需要基础数据模型，Tableau 可以通过正确的列自动关联表，最终用户不会有犯错误的机会。这要归功于统一星型模型命名约定。

生成的仪表盘如图 16-42 所示。

现在，两个报表已经被集成到一个仪表盘中。这并不是简单地意味着它们只是"在一个地方"。不仅如此，它们是"完全集成的"。第一个报表的过滤器会传递到第二报表中，反之亦然。这是自动发生的，因为所有的数据都来自一个查询。

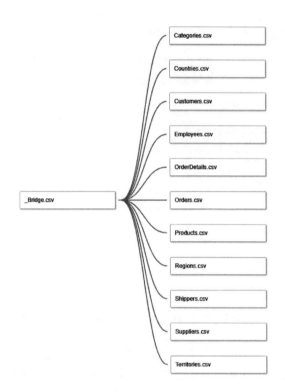

图 16-41　Tableau 中"数据源"页面，使用统一星型模型方法，查询非常容易创建

Sales Analysis

Ordered Quantity and Product Units in
Stock, by Product Category Name

Category Name	OrderDetail Quantity	Product Units In Stock
Beverages	9,532	559
Condiments	5,298	507
Confections	7,906	386
Dairy Products	9,149	393
Grains/Cereals	4,562	308
Meat/Poultry	4,199	165
Produce	2,990	100
Seafood	7,681	701
Grand Total	51,317	3,119

Order Freight by Shipper Company Name

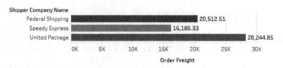

图 16-42　生成的仪表盘

统一星型模型方法允许最终用户创建自己的报表，并且这些报表总是从同一个星型模型开始。在大多数情况下，即使最终用户不是数据专家，也可以在商业智能工具中直接实现新的业务需求。对于大多数新业务需求，将不需要任何数据转换。

> 任何经过培训的业务用户都可以从头开始创建报表，
> 我们认为这就是"自助式商业智能"的实际含义。

使用 Microsoft Power BI 实施

现在使用 Microsoft Power BI 实施统一星型模型方法。图 16-43 所示为 Power BI 中包含所有表的数据模型。

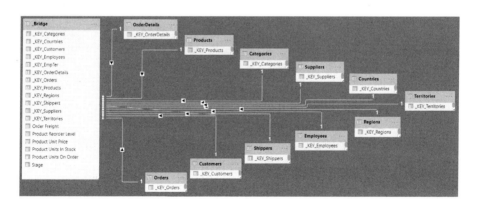

图 16-43　Power BI 中包含所有表的模型部分

所有的连接都非常容易创建，不需要数据专家。基于这个数据模型，最终用户可以自由创建所有可能的报表。

使用 Sisense 实施

现在尝试使用 Sisense，实施统一星型模型方法，如图 16-44 所示。

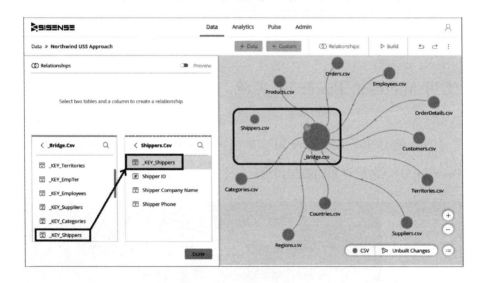

图 16-44　使用 Sisense 实施统一星型模型方法

连接非常容易创建。

基于这个数据模型，最终用户可以自由创建所有可能的报表。

使用 QlikView 实施

现在尝试使用 QlikView 实施统一星型模型方法。图 16-45 所示为这个数据模型。

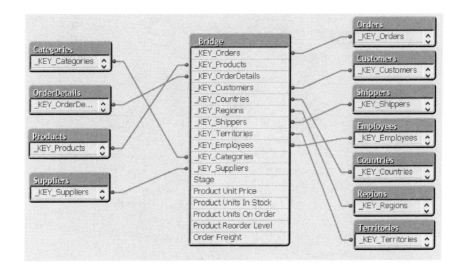

图 16-45　QlikView 中的数据模型

基于这个数据模型，最终用户可以自由创建所有可能的报表。

用 Qlik Sense 实施

现在尝试使用 Qlik Sense 实施统一星型模型方法。图 16-46 所示为 Qlik Sense 中的数据管理模块。

基于这个数据模型，最终用户可以自由创建所有可能的报表。

特别是，使用 Qlik Sense，最终用户能够使用自然语言输入请求，从而得到相关查询内容，如图 16-47 所示。

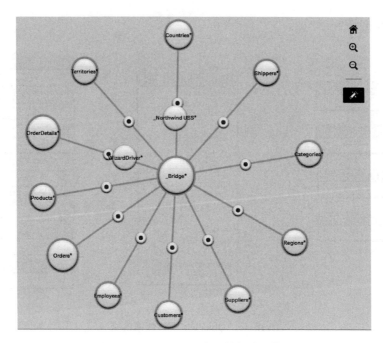

图 16-46　Qlik Sense 中的数据管理模块

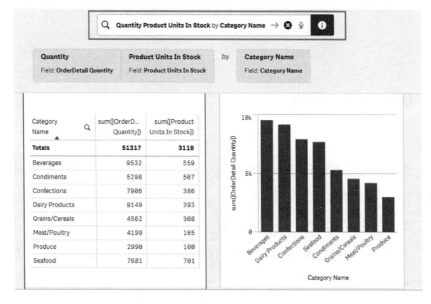

图 16-47　在 Qlik Sense 中，请求可以使用自然语言进行输入

总结

统一星型模型很简单。

没有数据专家，业务用户也能够创建报表和仪表盘。因为 Bridge 表保护最终用户免受数据丢失、扇形陷阱、Chasm 陷阱、多事实表查询、循环和不一致粒度相关的风险，所以最终用户不可能创建不正确的查询。使用统一星型模型方法，统计的数字总是正确的。

这个解决方案是数据专家实践过的。它完全基于数据构建，不依赖于业务需求，每个单一星型模型都作为一个基础服务于每一个当前和未来业务需求。

统一星型模型的关键原则是：在开始编码之前需要观察和理解数据。我们需要发现风险并加以防范。这就是统一星型模型方法的做法。解决问题很好，组织他们更好。

或者，正如爱因斯坦所说：

聪明的人解决问题，智者预防问题。

附录　翻译术语表

	英文名称	中文名称
1	"Bastard" Data Mart	Bastard 数据集市
2	"Orphan" Data Mart	Orphan 数据集市
3	Ad-hoc	即席查询
4	aggregated	聚合
5	Agile	敏捷
6	Alias	别名
7	BI（Business Intelligence）	商业智能
8	Bridge	桥接
9	Business Key	业务键
10	Cartesian Product	笛卡儿乘积
11	Chasm Trap	Chasm 陷阱
12	Circular Reference	循环依赖
13	Combination	关联
14	Common Key	公共键
15	Conformed Dimension	一致性维度
16	Context	上下文
17	Correlation	相关性
18	CROSS JOIN	交叉连接
19	Customer Relationship Management	客户关系管理系统
20	Dashboard	仪表盘
21	Data Architect	数据架构
22	Data Element	数据元素

	英文名称	中文名称
23	Data Flow/The Flow of Data	数据流
24	Data Mart	数据集市
25	Data Model	数据模型
26	Data Source	数据源
27	Data Transformation	数据转换
28	Data Warehouse	数据仓库
29	De-duplicate	去重
30	Denormalization	逆规范化
31	Derived Keys	派生键
32	Dimension	维度
33	Dimension Table	维度表
34	Dimensional Model	维度模型
35	Dimensional Modeling	维度建模
36	Distributed System	分布式系统
37	End-users	最终用户
38	Entity	实体
39	ETL	ETL
40	Event	事件
41	Fact	事实
42	Fact Table	事实表
43	Fan trap	扇形陷阱
44	Filter	过滤器
45	Firewall	防火墙
46	FK（Foreign Key）	外键
47	Full Outer Join	全连接
48	Granularity	粒度
49	Hierarchy	层次
50	Inner Join	内连接

（续）

	英文名称	中文名称
51	Join	关联/连接（要看上下文）
52	KEY Columns	关键列
53	Key Performance Indicators	关键绩效指标
54	Left Join	左连接
55	Live Connection	活动连接
56	Loop	循环
57	Loss of Data	数据丢失
58	Many-to-Many	多对多
59	Measure	度量
60	Merge	合并
61	Metadata	元数据
62	Multi-Fact	多事实
63	Natural Key	自然键
64	Non-conformed Granularities	非一致粒度
65	Normal Key	普通键
66	Numerical	数值
67	One-to-Many	一对多
68	One-to-One	一对一
69	Pile Up	堆积
70	PK（Primary Key）	主键
71	Presentation Layer	展示层
72	QlikView	QlikView（产品名）
73	Quadratic Growth	平方增长
74	RAM（Random Access Memory）	RAM 内存
75	Redundancy	冗余
76	Relational Model	关系型模型
77	Resilient	适应性
78	Re-usability	复用性

（续）

	英文名称	中文名称
79	Right Join	右连接
80	Rule of Thumb	经验法则
81	Safe Zone	安全区
82	SAP Business Objects	SAP Business Objects（产品名）
83	Self Service	自助服务
84	Semi-quadratic	半二次型
85	Snowflake Schema	雪花模型
86	Standard Join	标准连接
87	Star Schema	星型模型
88	Sub-queries	子查询
89	Surrogate Key	代理键
90	Tableau	Tableau（产品名）
91	Third Normal Form	第三范式
92	USS（Unified Star Schema）	统一星型模型
93	Unintentional Cartesian Product	无意识笛卡儿乘积